# SCHRIFTEN
## DES DEUTSCHEN UNTERAUSSCHUSSES DER INTERNATIONALEN MATHEMATISCHEN UNTERRICHTSKOMMISSION

Es handelt sich einerseits darum, das deutsche Publikum durch geeignete Mitteilungen und Übersetzungen über den allgemeinen Stand der Arbeiten der Kommission auf dem laufenden zu halten, andererseits aber die verschiedensten Seiten des deutschen mathematischen Unterrichts in ausführlichen Darlegungen zur Geltung zu bringen. Dieser Aufgabe dienen zwei Reihen von Veröffentlichungen:

A. Berichte und Mitteilungen, veranlaßt durch die Internationale Mathematische Unterrichts-Kommission. In zwanglosen Heften. gr. 8. Steif geh.

1. Fehr, H., Vorbericht über Organisation und Arbeitsplan der Kommission. Deutsche Übersetzung von W. Lietzmann. (S. 1—10.) 1909. M. —.30.
2. Noodt, G., Über die Stellung der Mathematik im Lehrplan der höheren Mädchenschule vor und nach der Neuordnung des höheren Mädchenschulwesens in Preußen. (S. 11—32.) 1909. M. —.80.
3. Klein, F., und Fehr, H., Erstes Rundschreiben des Hauptausschusses. Deutsch bearbeitet von W. Lietzmann. (S. 33—38.) 1909. M. —.20.
4. Klein, F., und Fehr, H., Zweites Rundschreiben des Hauptausschusses. Deutsch bearbeitet von W. Lietzmann, sowie Zühlke, P., Mathematiker und Zeichenlehrer im Linearzeichenunterricht der preußischen Realschulen. (S. 39 bis 54.) 1910. M. —.50.
5. Lietzmann, W., Die Versammlung in Brüssel. Nach dem von H. Fehr verfaßten dritten Rundschreiben des Hauptausschusses. (S. 55—74.) 1911. M. —.60.
6. Fehr, H., Viertes Rundschreiben des Hauptausschusses. Deutsch bearbeitet von W. Lietzmann. (S. 75—88.) 1911. M. —.50.

B. Abhandlungen über den mathematischen Unterricht in Deutschland, veranlaßt durch die Internationale Mathematische Unterrichts-Kommission. Herausgegeben von F. Klein. 5 Bände, in einzeln käuflichen Heften. gr. 8. Steif geh.

I. Band. Die höheren Schulen in Norddeutschland. Mit einem Einführungswort von F. Klein.

1. Lietzmann, W., Stoff und Methode im mathematischen Unterricht der norddeutschen höheren Schulen. Auf Grund der vorhandenen Lehrbücher. (XII u. 102 S.) 1909. M. 2.—
2. Lietzmann, W., Die Organisation des mathematischen Unterrichts an den höheren Knabenschulen in Preußen. Mit 18 Figuren. (VIII u. 204 S.) 1910. M. 5.—
3. Lorey, W., Staatsprüfung und praktische Ausbildung der Mathematiker an den höheren Schulen in Preußen und in einigen norddeutschen Staaten. (IV u. 134 S.) 1911. M. 3.20.
4. Thaer, A., Geuther, N., Böttger, A., Der mathematische Unterricht an den Gymnasien und Realanstalten der Hansestädte, Mecklenburgs und Oldenburgs. (VI u. 90 S.) 1911.

In einem fünften Heft soll die neuere Entwicklung des höheren Mädchenschulwesens in Norddeutschland behandelt werden.

II. Band. Die höheren Schulen in Süd- und Mitteldeutschland. Mit einem Einführungswort von P. Treutlein.

1. Wieleitner, H., Der mathematische Unterricht an den höheren Lehranstalten, sowie Ausbildung und Fortbildung der Lehrkräfte im Königreich Bayern. (XIV u. 85 S.) 1910. M. 2.40.
2. Witting, A., Der mathematische Unterricht an den Gymnasien und Realanstalten nach Organisation, Lehrstoff und Lehrverfahren und die Ausbildung der Lehramtskandidaten im Königreich Sachsen. (XII u. 78 S.) 1910. M. 2.20.

3. Geck, E., Der mathematische Unterricht an den höheren Schulen nach Organisation, Lehrstoff und Lehrverfahren und die Ausbildung der Lehramtskandidaten im Königreich Württemberg. (IV u. 104 S.) 1910. M. 2.60.
4. Cramer, H., Der mathematische Unterricht an den höheren Schulen nach Organisation, Lehrstoff und Lehrverfahren und die Ausbildung der Lehramtskandidaten im Großherzogtum Baden. (IV u. 48 S.) 1910. M. 1.60.
5. Schnell, H., Der mathematische Unterricht an den höheren Schulen nach Organisation, Lehrstoff und Lehrverfahren und die Ausbildung der Lehramtskandidaten im Großherzogtum Hessen. (VI u. 51 S.) 1910. M. 1.60.
6. Hoßfeld, Der mathematische Unterricht an den höheren Schulen Thüringens. (In Vorbereitung.)
7. Wirz, Der mathematische Unterricht an den höheren Schulen der Reichslande. (Unter der Presse.)

III. Band. Einzelfragen des höheren mathematischen Unterrichts. Mit einem Einführungswort von F. Klein.

1. Schimmack, R., Die Entwicklung der mathematischen Unterrichtsreform in Deutschland. (VI u. 146 S.) 1911. M. 3.60.
2. Timerding, H. E., Die Mathematik in den physikalischen Lehrbüchern. Mit 22 Figuren. (VI u. 112 S.) 1910. M. 2.80.
3. Zühlke, P., Der Unterricht im Linearzeichnen und in der darstellenden Geometrie an den deutschen Realanstalten. (IV u. 124 S.) 1911. M. 2.60.
4. Hoffmann, B., Astronomie, Vermessungswesen, mathematische Geographie an den höheren Schulen. (In Vorbereitung.)
5. Timerding, H. E., Kaufmännische Aufgaben im mathematischen Unterricht der allgemein-bildenden Schulen. (Unter der Presse.)
6. Gebhardt, M., Geschichte der Mathematik an den höh. Schulen. (In Vorb.)
7. Wernicke, Mathematik und philosophische Propädeutik. (In Vorbereitung.)
8. Lorey, W., Das Studium der Mathematik an den deutschen Universitäten seit 1870. (In Vorbereitung.)

IV. Band. Die Mathematik an den technischen Schulen. Mit einem Einführungswort von P. Stäckel.

1. Grünbaum, H., Der mathematische Unterricht an den deutschen mittleren Fachschulen der Maschinenindustrie. (XVI u. 100 S.) 1910. M. 2.60.
2. Ott, C., Die angewandte Mathematik an den technischen Mittelschulen der Maschinenindustrie. (Unter der Presse.)
3. Girndt, M., Der mathematische Unterricht an den Baugewerkschulen. (In Vorb.)
4. Schilling, C., und Meldau, H., Die Mathematik an den Seefahrtsschulen. (In Vorbereitung.)
5. Furtwängler, Ph., Die mathemat. Ausbildung der Feldmesser. (In Vorb.)
6. Stäckel, P., Die mathematische Ausbildung der Architekten, Chemiker und Ingenieure an den deutschen technischen Hochschulen. (In Vorbereitung.)
7. Jahnke, E., Die Mathematik an Hochschulen für besondere Fachgebiete. (Unter der Presse.)

Es besteht die Absicht, auch noch den kaufmännischen und gewerblichen Fortbildungsschulen sowie der Ausbildung der Versicherungsmathematiker besondere Darstellungen zu widmen.

V. Band. Die Mathematik an den Volksschulen und Lehrerbildungsanstalten. Mit einem Einführungswort von F. Klein.

1. Lietzmann, W., Stoff und Methode des Rechenunterrichtes auf Grund der Lehrbücher. (Unter der Presse.)
2. Lietzmann, W., Stoff und Methode des Raumlehreunterrichts auf Grund der Lehrbücher. (In Vorbereitung.)
3. Lietzmann, W., Die Organisation der Volksschulen, gehobenen Volksschulen, Präparandenanstalten, Seminare usw. in Preußen. (In Vorbereitung.)
4. Umlauf, K., Der mathematische Unterricht an den Seminaren und Volksschulen der Hansestädte. (In Vorbereitung.)
5. Dreßler, H., Der mathematische Unterricht an den Volksschulen und Lehrerbildungsanstalten in Sachsen und Thüringen. (In Vorbereitung.)
6. Treutlein, P., Der mathematische Unterricht an den Volksschulen und Lehrerbildungsanstalten in Süddeutschland. (In Vorbereitung.)

ABHANDLUNGEN
ÜBER DEN MATHEMATISCHEN UNTERRICHT IN DEUTSCHLAND
VERANLASST DURCH DIE
INTERNATIONALE MATHEMATISCHE UNTERRICHTSKOMMISSION
HERAUSGEGEBEN VON F. KLEIN
BAND IV HEFT 7

# DIE MATHEMATIK

## AN HOCHSCHULEN FÜR BESONDERE FACHGEBIETE

VON

DR. E. JAHNKE
ETATSMÄSSIGEM PROFESSOR AN DER
KGL. BERGAKADEMIE BERLIN

Springer Fachmedien Wiesbaden GmbH

1911

ISBN 978-3-663-18940-4 ISBN 978-3-663-19201-5 (eBook)
DOI 10.1007/978-3-663-19201-5

# VORWORT

Der vorliegende Bericht, über dessen Zweck und Ziel die Einleitung Auskunft gibt, ist in seinen verschiedenen Teilen etwas ungleichmäßig ausgefallen. In erster Linie ist das auf den Stoff zurückzuführen, da neben den Berg- und Forstakademien und den landwirtschaftlichen und Handels-Hochschulen auch die Hochschulen der Deutschen Militärverwaltungen zu besprechen waren. Ein anderer Grund dürfte darin zu suchen sein, daß ich in der Lage war, über den inneren Betrieb an den Bergakademien aus eigener Anschauung zu berichten, während es mir in den anderen Fällen, wenigstens in der Hauptsache, nur möglich war, Material zusammenzutragen, Vergleiche zu ziehen und auf drohende Einschränkungen des mathematischen Unterrichts hinzuweisen. Ich war mir von vornherein klar darüber, daß der Wert meines Berichts wesentlich bedingt sei durch die Mitwirkung der Herren, die an den genannten Hochschulen tätig sind. Zu meiner Genugtuung kann ich feststellen, daß mir diese Unterstützung in liebenswürdigster Weise und in reichstem Maße zuteil geworden ist.

Soweit sich der Bericht auf den Unterrichtsbetrieb an den Hochschulen der Deutschen Militärverwaltungen bezieht, habe ich von Herrn Geheimrat Prof. Dr. E. Lampe an der Kgl. Preußischen Kriegsakademie und Herrn Major B. Schwertfeger, kommandiert zum Großen Generalstabe, ferner von Herrn Geheimrat Prof. Dr. C. Cranz und Herrn Hauptmann H. Brehmer an der Militärtechnischen Akademie zu Berlin, von Herrn Prof. Dr. P. Vogel an der Bayrischen Kriegsakademie und an der Bayrischen Artillerie- und Ingenieurschule und endlich von Herrn Fregattenkapitän Rohardt an der Inspektion des Bildungswesens der Marine in Kiel wertvolle Mitteilungen erhalten. Herrn Oberleutnant Dr. R. Weitzenböck an der österreichischen Technischen Militärakademie zu Mödling verdanke ich die Daten zur vergleichenden Gegenüberstellung der Österreichischen mit der Preußischen Militärtechnischen Akademie.

Bei dem Berichte über die Bergakademien wurde ich von den Herren Geheimer Bergrat Prof. Dr. E. Papperitz an der Freiberger,

Prof. Dr. R. Rothe an der Clausthaler und Geheimer Bergrat W. Bornhardt, Professor R. Vater, Professor K. Fuhrmann an der Berliner Bergakademie sowie von Herrn Professor K. Haussmann an der Technischen Hochschule Aachen unterstützt. Unterlagen für den Abschnitt über die Forstakademien haben mir die Herren Prof. Dr. J. Schubert an der Forstakademie Eberswalde, Geheimrat Prof. Dr. A. Baule an der Forstakademie Münden-Hannover, Geheimrat Prof. Dr. M. Kunze an der Forstakademie Tharandt, Prof. Dr. L. Schleiermacher an der inzwischen aufgehobenen forstlichen Hochschule Aschaffenburg, Prof. Dr. F. Hartogs an der Universität München, Geheimrat Prof. Dr. P. Stäckel an der Technischen Hochschule Karlsruhe und Prof. Dr. E. Höhn am Realgymnasium und an der forstlichen Hochschule in Eisenach geliefert. Eine Korrektur des Abschnittes betreffend die landwirtschaftlichen Hochschulen haben die Herren Geheimrat Prof. Dr. K. Reichel an der Landwirtschaftlichen Hochschule Berlin und Prof. Dr. Ph. Furtwängler an der Landwirtschaftlichen Hochschule Bonn-Poppelsdorf gelesen. Der Abschnitt über die höheren Post- und Telegraphenbeamten ist durch die Beiträge der Herren Geheimrat Prof. Dr. K. Strecker, Telegrapheninspektor F. Lüschen und Kaiserlichen Telegrapheningenieur Dr. K. W. Wagner zustande gekommen. Zum letzten Abschnitt endlich haben Herr Rat Förster von der Hamburger Oberschulbehörde, die Herren Prof. Dr. E. Hoppe am Wilhelmsgymnasium und Prof. Dr. K. Umlauf, Direktor der Lehrerinnenbildungsanstalt in Hamburg, Herr Prof. Dr. P. Spiess von der Posener Akademie, Herr Prof. F. Emde an der Clausthaler Bergakademie Herr Geheimrat Prof. Dr. E. Lampe an der Technischen Hochschule Charlottenburg und Herr Oberlehrer Dr. W. Jacobsthal am Viktorialyzeum zu Berlin beigesteuert.

Allen diesen Herren möchte ich auch an dieser Stelle für ihre liebenswürdigen Bemühungen meinen Dank aussprechen. Auch der Redaktion dieser Abhandlungen, insbesondere dem Herausgeber dieses Bandes, Herrn Geheimrat Prof. Dr. Stäckel, von dem die Anregung zu einem solchen Bericht ausgegangen ist, habe ich für eine große Zahl von Verbesserungsvorschlägen herzlich zu danken. Und last not least gebührt mein Dank dem Verleger, der meinen Wunsch nach beschleunigter Drucklegung sowie zahlreiche weitere Wünsche bereitwilligst erfüllt hat.

Wilmersdorf-Berlin, den 27. Juli 1911.

E. JAHNKE

# INHALTSANGABE

# Einleitung.

Wie in dem Bericht über die mathematische Ausbildung der Architekten, Chemiker und Ingenieure an den Technischen Hochschulen[1]) ausgeführt werden wird, hat ursprünglich bei der Ausbildung der Studierenden, die sich den technischen Fächern zuwandten, ein abstrakter Betrieb des mathematischen Unterrichts stattgefunden. Und dasselbe gilt auch von den Hochschulen für Sondergebiete, über die hier berichtet werden soll. Der Mathematiker kümmerte sich wenig um die Anforderungen der Physik und Technik und lehnte es ab, seine Aufmerksamkeit Problemen zuzuwenden, die dem Praktiker am Herzen liegen. Die Reaktion blieb nicht aus. In den neunziger Jahren brach an den technischen Hochschulen eine „Antimathematikbewegung" mit elementarer Gewalt hervor[2]). Die Techniker stellten das Verlangen, der Mathematiker möchte bei der Auswahl des Lehrstoffs diejenigen Teile seiner Wissenschaft in den Vordergrund stellen, die für den Praktiker einen direkten Nutzen zu bringen imstande sind oder wenigstens vermuten lassen, daß dies später einmal der Fall sein wird. Ebenso haben sich an den Hochschulen für Sondergebiete, wo die Mathematik eine Stelle gefunden hat, antimathematische Strömungen geltend gemacht. Und diese Antimathematikbewegung hat teilweise zu einer erheblichen Schwächung der Stellung der Mathematik geführt. Ohne Zweifel ist es noch nicht überall gelungen, den richtigen Mittelweg zu finden, der dem Hochschulcharakter der Anstalten entspricht; aber es sind doch, gerade bei den hier in Betracht kommenden Hochschulen, beachtenswerte Anfänge nach dieser Richtung gemacht worden. Jedenfalls hat jene Strömung dahin geführt, daß an den technischen Hochschulen und an den Hochschulen für besondere Fachgebiete die Vorlesungen über Mathematik in ständiger Fühlung mit den Anschauungskreisen und den

---

1) Vgl. den Bericht von P. Stäckel, Die mathematische Ausbildung der Architekten, Chemiker und Ingenieure an den deutschen Technischen Hochschulen, Bd. IV, Heft 6 dieser Imuk-Abhandlungen.

2) Vgl. E. Papperitz, Die Mathematik an den deutschen technischen Hochschulen. Leipzig 1899, Veit & Co. — F. Klein und R. Schimmack, Vorträge über den mathematischen Unterricht an den höheren Schulen, Teil I. Leipzig 1907, B. G. Teubner, S. 182–190. — F. Klein, Wissenschaft und Technik. Jahresber. Deutsche Math. Vereinigg. **17**, 375–382, 1908. — P. Stäckel, Mathematische Methoden zur Untersuchung mechanischer Probleme, Jahresber. D. M. V. **17**, 363–375, 1908. — E. Jahnke, Mathematische Forschung und Technik, Berlin 1910, Kaisergeburtstagsrede. Bergakademie, abgedruckt in Dinglers Polytechn. Journ. **325**, 519–522, 554–557, 1910. — P. Stäckel, Geltung und Wirksamkeit der Mathematik. Rektoratsrede. Techn. Hochschule Karlsruhe i. B. 1910, abgedruckt im Jahresber. D. M. V. **20**, 117–128.

Aufgaben des speziellen Fachgebietes gehalten werden. Sie hat in den letzten Jahren an mehreren Hochschulen zu einer Neuorganisation des mathematischen Unterrichts geführt in dem Sinne, daß über Differential- und Integralrechnung im Zusammenhang mit der Mechanik gelesen wird in einem Kolleg, das den Titel führt: „Höhere Mathematik und Mechanik". Spuren dieser Neuorganisation findet man bereits in einigen jüngst erschienenen Lehrbüchern[1]).

Der nachfolgende Bericht soll ein Bild entwerfen von dem Stande des mathematischen Unterrichts an den Hochschulen für die verschiedenen Sondergebiete und so zur Antwort auf die Frage beisteuern, wie weit die Vorbedingungen für Erreichung des Ideals gegeben sind, dem J. J. Thomson jüngst Ausdruck gab mit den Worten: „Jeder Techniker muß die Mathematik beherrschen wie seine Muttersprache."[2])

Bei diesem Bericht wird es sich im wesentlichen um die Bergakademien, um die Hochschulen der deutschen Militärverwaltungen, um die Forstakademien, die landwirtschaftlichen Hochschulen und die Handelshochschulen handeln. Die tierärztlichen Hochschulen und die Kunsthochschulen scheiden für unsere Frage aus, da sie in ihr Programm keine mathematischen Vorlesungen aufgenommen haben. An den Hochschulen für die bildenden Künste wird nur Unterricht im perspektivischen Zeichnen erteilt, der als Grundlage für jeden Studierenden obligatorisch ist; dabei handelt es sich in der Hauptsache um Konstruktion von perspektivischen Ansichten aus Grund- und Aufriß und um Übungen in der Berechnung perspektivischer Größenverhältnisse. Zum Schluß bringe ich noch einige Mitteilungen über die mathematische Ausbildung der höheren Post- und Telegraphenbeamten und über sonstige Institute mit Vorlesungen über höhere Mathematik.

Was die in diesem Bericht benutzte Literatur angeht, so erwähne ich an erster Stelle das grundlegende Werk von Lexis, Das Unterrichtswesen im Deutschen Reich, Berlin 1904, A. Asher & Co., IV. Band: Das technische Unterrichtswesen, 2. Teil: Die Hochschulen für besondere Fachgebiete, das allerdings in zahlreichen Einzelheiten längst überholt ist.

Die sonst von mir benutzte Literatur wird an geeigneter Stelle namhaft gemacht.

---

1) Vgl. G. Scheffers, Lehrbuch der Mathematik. 2. Aufl. Leipzig 1911, Veit & Co.; Hans Lorenz, Einführung in die Elemente der höheren Mathematik und Mechanik. München 1910, R. Oldenbourg, und die neueste Auflage von Nernst-Schoenflies, Einführung in die mathematische Behandlung der Naturwissenschaften, 6. Aufl. München 1910, R. Oldenbourg.

2) Vgl. hierzu C. Bach, Elastizität und Festigkeit. Berlin 1902, J. Springer. Vorwort zur dritten Auflage.

# I. Die deutschen Bergakademien.

## 1. Geschichtliches.

Die Bergakademien waren lange Zeit hindurch die einzigen Pflanz- und Pflegestätten der technischen Wissenschaften, zu einer Zeit, wo die Ingenieurwissenschaften sich noch keineswegs wie heute fast aller Gebiete menschlicher Tätigkeit bemächtigt hatten. Man kann die Anfänge aller der jetzt so hoch entwickelten technischen Wissenschaften bis auf die praktischen Erfahrungen und wissenschaftlichen Erkenntnisse zurückverfolgen, die zuerst auf montanistischem Gebiete errungen wurden. Ja, man kann geradezu Bergbau- und Hüttenkunde als Vater und Mutter der heutigen Technik ansprechen. Die Bergakademien müssen in diesem Sinne als die ältesten Technischen Hochschulen angesehen werden. Für die Anwendung der Ergebnisse wissenschaftlicher Forschung auf die Probleme der Technik, für die Ausbildung der Ingenieurwissenschaften und für die Vervollkommnung der Lehrmethoden haben sie bahnbrechend gewirkt[1]).

Es ist daher durchaus billig und recht, mit ihnen den Reigen der Hochschulen für Sondergebiete zu eröffnen.

Von den deutschen Bundesstaaten haben nur Preußen und Sachsen einen Bergbau von hervorragender volkswirtschaftlicher Bedeutung. Dementsprechend finden wir in Berlin, Clausthal und Freiberg je eine Bergakademie und an der Technischen Hochschule Aachen eine bergbauliche Abteilung.

Die Entstehung der drei deutschen Bergakademien fällt in das achtzehnte Jahrhundert. Die Freiberger Akademie, deren Vorgeschichte sich bis 1702 zurückverfolgen läßt, wurde als Hochschule 1765 von dem Prinzen Xaver von Sachsen begründet. Die Berliner Akademie ist aus dem von Friedrich dem Großen 1770 geschaffenen Berginstitut hervorgegangen, das von 1774 ab als Bergakademie bezeichnet wurde, und erhielt 1860 eine akademische Verfassung; die Clausthaler Akademie entwickelte sich aus den seit 1775 an dem dortigen Lyzeum und später an der Bergschule gepflegten Unterrichtskursen für Berg- und Hüttenleute, wurde aber als eine Hochschule, die sie tatsächlich schon vorher war, äußerlich erst 1864 anerkannt.

---

1) Vgl. E. Papperitz, Geschichte, gegenwärtige Organisation und Statistik der Bergakademie Freiberg, 1904. Aus der preisgekrönten Akademieschrift für die Deutsche Abteilung der Weltausstellung St. Louis.

Während in Deutschland die Universitäten und später die Technischen Hochschulen den Unterrichtsministerien unterstellt worden sind, hat es die historische Entwicklung mit sich gebracht, daß die beiden preußischen Bergakademien noch heute dem Handelsministerium und die Freiberger dem Finanzministerium zugehören.

Die Berliner Bergakademie wird voraussichtlich in naher Zukunft der Technischen Hochschule Charlottenburg angegliedert und dadurch dem Ressort des Kultusministers überwiesen werden.

## 2. Die Bestimmungen für die preußischen Bergakademien.

Für die Aufnahme an einer preußischen Bergakademie wird das Reifezeugnis eines Gymnasiums, Realgymnasiums oder einer Oberrealschule gefordert. Die Aspiranten haben als „Bergbaubeflissene" – so heißen die Kandidaten für den Staatsdienst – eine einjährige praktische Arbeitszeit zurückzulegen, worauf eine dreijährige akademische Studienzeit folgt, und zwar wenigstens ein einjähriger Universitätsbesuch, während zwei Jahre auf den Bergakademien Berlin oder Clausthal oder bei der Bergbauabteilung der Technischen Hochschule Aachen zugebracht werden können. Die Bergbaubeflissenen können sich nach dreijährigem Studium zur Bergreferendarprüfung melden. Daneben gibt es – in Clausthal ist das zurzeit die Mehrzahl – Studierende der Berg-, Metallhütten- und Eisenhüttenfächer, die die Diplomprüfung abzulegen beabsichtigen. Auch sie haben das Reifezeugnis beizubringen und ein praktisches Jahr bzw. Halbjahr vor Beginn des Studiums nachzuweisen. Ihr Studium aber umfaßt vier Jahre. Nach zwei Jahren können sie sich zur Vorprüfung, nach vier Jahren zur Hauptprüfung melden. Endlich gibt es noch Markscheider-Aspiranten. Für sie ist in Preußen Primareife und ein halbes Jahr bergmännische und anderthalb Jahre markscheiderische Praxis vorgeschrieben; sie werden daher, wofern sie nicht etwa das Reifezeugnis besitzen, als Hospitanten eingeschrieben.

Die praktische Lehrzeit, die nicht allein der Sammlung praktischer Erfahrungen dient, sondern auch in erziehlicher Hinsicht von Bedeutung ist, bietet den Bergakademikern einen Vorteil vor den Studierenden vieler anderen Fakultäten: der Bergakademiker tritt mit einer vergleichsweise großen Lebensreife an sein Studium heran.

## 3. Die Bergakademie Berlin.

Die Berliner Bergakademie hat sich in wesentlich anderen Formen entwickelt als die Bergakademien Freiberg und Clausthal. Im Jahre 1770 durch Friedrich den Großen als „Berginstitut" ins Leben gerufen, datiert die heutige Bergakademie als Hochschule erst seit dem Jahre 1860[1]).

1) Vgl. W. Bornhardt, Bericht über den Festakt der Bergakademie, veranstaltet aus Anlaß des fünfzigjährigen Bestehens der Hochschule und des Ablaufes von hundertvierzig Jahren seit der ersten Gründung einer berg- und hüttenmännischen Unterrichtsanstalt in Berlin durch Friedrich den Großen, am 12. November 1910.

Eine etatsmäßige mathematische Professur wurde erst 1895 eingerichtet und dem jetzigen Professor für Mechanik an der Technischen Hochschule Charlottenburg Fritz Kötter übertragen. Vorher hatte der Oberlehrer und spätere Stadtschulrat und Ehrenbürger der Stadt Berlin Heinrich Bertram im Nebenamt über Mathematik gelesen. Kötters Nachfolger wurde A. Kneser, jetzt Professor an der Breslauer Universität. Und auf Kneser folgte E. Jahnke.

Der Unterricht ist im wesentlichen nach Jahreskursen geordnet, die im Herbst eines jeden Jahres beginnen[1]). Die mathematische Hauptvorlesung „Höhere Mathematik und Mechanik" umfaßt zwei Semester und zählt viermal zwei Wochenstunden; sie gilt für alle Studierenden der Bergakademie. Bis zum Jahre 1905 bezog sich das mathematische Kolleg nur auf Differential- und Integralrechnung und war sechsstündig; seit 1905 hat der Professor für Maschinenlehre, R. Vater, die Mechanik dem Mathematiker abgetreten und nur die Festigkeits- und Elastizitätslehre für sich zurückbehalten. Die Verteilung der acht Vorlesungsstunden auf höhere Mathematik und Mechanik geschieht so, daß in der Zeit von Oktober bis Weihnachten für Mechanik nur eine, von Weihnachten bis Ostern zwei der wöchentlichen Doppelstunden bestimmt sind. Entsprechendes gilt für das zweite Semester.

Dabei ist zu bemerken, daß sich die oft mangelhafte mathematische Vorbildung der Gymnasialabiturienten in unliebsamer Weise bemerkbar macht. Um diese Störung zu beseitigen, ist für das Sommersemester ein dreistündiges Kolleg über algebraische Analysis und analytische Geometrie vorgesehen, das den Gymnasiasten Gelegenheit bieten soll, ihre Lücken in Mathematik auszufüllen. Dasselbe Kolleg wird auch von den Markscheidern besucht. Dieses Heilmittel erweist sich aber aus leicht begreiflichen Gründen als nicht wirksam. Es wäre durchaus berechtigt, wenn den Gymnasialabiturienten, die sich naturwissenschaftlichen Fächern zuwenden, ein Zusatzsemester auferlegt würde, wo sie die fehlenden Kenntnisse nachzuholen hätten. Jedenfalls mit mehr Recht, als wenn die Abiturienten der Oberrealschulen, die sich dem Studium der Medizin widmen wollen, gezwungen sind, eine Bescheinigung über ein nachträgliches Lateinstudium zu erbringen; denn zum Verständnis des medizinischen Unterrichts sind nicht mehr Latein und Griechisch, wohl aber Mathematik, Physik, Chemie und Biologie notwendig[2]). Wieweit die Reformbewegung, die in dem mathematischen Betrieb der Mittelschulen Platz gegriffen hat, imstande sein wird, hier abgleichend zu wirken, muß abgewartet werden[3]).

1) Programm der Königlichen Bergakademie Berlin.

2) Vgl. hierzu Fr. von Müller (München): Welche Mittelschulvorbildung ist für das Studium der Medizin wünschenswert? Zeitschr. f. math. u. naturw. Unterricht **42**, 228–237, 1911.

3) Vgl. R. Schimmack, Die Entwicklung der mathematischen Unterrichtsreform in Deutschland: Bd. III Heft 1 dieser Imuk-Abhandlungen.

Zu diesen Kollegien kommen noch hinzu: Darstellende Geometrie und Ausgleichungsrechnung mit geodätischen Rechenübungen, von denen das zweite ebenfalls in den Händen des Mathematikers liegt. Endlich ist noch zu nennen eine vierstündige Sommervorlesung über Bergwirtschaftliche Aufnahme und Wertberechnung von Lagerstättengruppen, die von einem Bergmanne gehalten wird.

Ich stelle die mathematischen Vorlesungen mit der Stundenzahl und ihrer Verteilung auf die einzelnen Gruppen von Bergakademikern in einer Tafel zusammen, wobei 6 + 2 heißen soll: 6 Stunden Vortrag und 2 Stunden Übungen:

| | | I. | | II. | | III. |
|---|---|---|---|---|---|---|
| | | Winter | Sommer | Winter | Sommer | Sommer |
| Bergbaubeflissene | Höh. Mathematik und Mechanik......... | 6 + 2 | 6 + 2 | | | |
| | Darst. Geometrie.... | | | 1 + 2 | 1 + 1 | |
| Studierende des Bergfachs | Höh. Mathematik und Mechanik......... | | | 6 + 2 | 6 + 2 | |
| | Darst. Geometrie.... | 1 + 2 | 1 + 1 | | | |
| | Anal. Geometrie und algebr. Analysis .. | | 2 + 1 | | | |
| | Ausgleichungsrechnung............ | | | | | 2 + 2 |
| Stud. d. Hüttenfachs | Höh. Mathematik und Mechanik......... | 6 + 2 | 6 + 2 | | | |
| | Darst. Geometrie.... | 1 + 2 | 1 + 1 | | | |
| Markscheider | Höh. Mathematik und Mechanik......... | 6 + 2 | 6 + 2 | | | |
| | Darst. Geometrie.... | 1 + 2 | 1 + 1 | | | |
| | Ausgleichungsrechnung............ | | | | 2 + 2 | |
| | Anal. Geometrie und algebr. Analysis .. | | 2 + 1[1] | | | |

## 4. Die Bergakademie Clausthal.

Sie ist aus dem Lyceum Clausthaliense und der Bergschule hervorgegangen. Die heutige Bergakademie als Hochschule datiert seit dem Jahre 1864[2]). Von den mathematischen Vorlesungen und ihrem Umfang gilt im großen und ganzen dasselbe, was über die Berliner Schwesteranstalt berichtet worden ist. Es wird daher genügen, auf einige wenige Unterscheidungslinien hinzuweisen.

Ein reiner Mathematiker wurde erst im Jahre 1888 mit Franz Meyer berufen, jetzt Professor an der Universität Königsberg; ihm

1) Als Vorsemester.

2) Vgl. J. Horn, Die Geschichte der Bergakademie. Aus der Festschrift: Die Königliche Bergakademie Clausthal. Leipzig 1907.

folgten 1897 Sommerfeld, jetzt Professor an der Universität München, 1900 Horn, jetzt Professor an der Technischen Hochschule Darmstadt, 1908 endlich Rothe.

Bis zum Jahre 1908 las hier der Mathematiker in seinem sechsstündigen Hauptkolleg nur über höhere Mathematik; erst von Oktober 1908 an wurde die theoretische Mechanik dem mathematischen Kolleg angegliedert, das nunmehr sieben Stunden umfaßt, wobei aber der Professor für Maschinenlehre, O. Hoppe, fortfuhr, über technische Mechanik vorzutragen. Mit Ostern 1911, wo Hoppe von seinem Amt zurückgetreten ist und Fritz Emde zum Nachfolger erhalten hat, ist auch hier eine reinliche Scheidung etwa nach dem Muster der Berliner Bergakademie eingetreten. Auf die Übungen kommt allerdings in Clausthal nur eine Stunde. Dafür ist hier seit 1909 ein dreistündiges Sommerkolleg über praktische Mathematik eingerichtet worden, das Übungen aus der angewandten Mathematik bringt, also Anleitung zum numerischen Rechnen, im Gebrauch von Tafelwerken, Praxis mathematischer Instrumente wie Rechenschieber, Planimeter, Curvimeter, Integraphen, Rechenmaschine, Übungen in graphischen Methoden, im Ausmessen von Körpern, Flächen u. a. m.

Außerdem wird noch von dem Professor für Mathematik über sphärische Trigonometrie, analytische Geometrie, darstellende Geometrie und Ausgleichungsrechnung gelesen.

Ein Kolleg über Verwaltungskunde, das in den Händen eines Bergmanns liegt, handelt von dem Rechnungswesen bei industriellen Unternehmungen.

Die Verteilung und Stundenzahl der mathematischen Vorlesungen geht aus der folgenden Übersichtstafel hervor:

| | | I. | | II. | |
|---|---|---|---|---|---|
| | | Winter | Sommer | Winter | Sommer |
| Studierende des Berg- u. Hüttenfachs | Höhere Mathematik und Mechanik | 6 + 1 | 6 + 1 | | |
| | Darst. Geometrie | 2 + 2 | | | |
| | Prakt. Mathematik | | | | 3 |
| Bergbaubeflissene | Höhere Mathematik und Mechanik | 6 + 1 | 6 + 1 | | |
| | Darst. Geometrie | 2 + 2 | | | |
| | Analyt. Geometrie | 2 | | | |
| | Prakt. Mathematik | | | | 3 |
| Markscheider | Höhere Mathematik und Mechanik | 6 + 1 | 6 + 1 | | |
| | Darst. Geometrie | 2 + 2 | | | |
| | Analyt. Geometrie | 2 | | | |
| | Sphär. Trigonometrie | | 1 | | |
| | Prakt. Mathematik | | | | 3 |
| | Ausgleichungsrechnung | | | 2 | |

### 5. Die mathematischen Vorlesungen an den preußischen Bergakademien.

a) Inhalt der Vorlesungen. – Man muß sich von vornherein klar darüber sein, daß sich der mathematische Vortrag an einer Bergakademie dem Vorstellungskreise und den Zielen der Studierenden noch mehr anzuschmiegen haben wird, als dies an der Abteilung für allgemeine Wissenschaften einer Technischen Hochschule möglich ist, die ja die Studierenden verschiedener Abteilungen mathematisch vorzubilden hat. Ebenso ist es selbstverständlich, daß Existenz- und Stetigkeitsbeweise, Differentialgleichungen höherer als zweiter Ordnung, die Eulerschen Differentialgleichungen der Bewegung eines starren Körpers um einen festen Punkt, das Hamiltonsche Prinzip, Vektoranalysis und ähnlich schöne Dinge zurückzutreten haben vor der harten Notwendigkeit, die Studierenden mit den Prinzipien und Methoden der Infinitesimalrechnung derart vertraut zu machen, daß sie mit ihnen umzugehen verstehen und Gebrauch davon zu machen wissen bei der Behandlung von Fragen aus Maschinen- und Fördertechnik. Natürlich soll damit nicht gesagt sein, daß sich nicht Gelegenheit finde, etwa zur Klärung von Vorstellungen und zur schärferen Erfassung von Begriffen, gelegentliche Exkursionen z. B. in das Gebiet der Pathologie der Funktionen zu machen, oder einmal auf die Grundlagen der mathematischen Physik einzugehen.

Sicher wäre es auch erwünscht, Spezialvorlesungen über ausgewählte Kapitel der höheren Mathematik, sagen wir über Fouriersche Reihen oder über Differentialgleichungen, von Zeit zu Zeit für einige wenige unter den Zuhörern einzuschalten. Diese Spezialkurse wären vielleicht am besten in die Form von Seminarvorträgen und -übungen zu kleiden.

b) Das Hauptkolleg: Höhere Mathematik und Mechanik. – Diesen Bemerkungen lasse ich eine Besprechung des Hauptkollegs „Höhere Mathematik und Mechanik" folgen, das nicht bloß in den Studienplan für die Bergbaubeflissenen und die Studierenden des Berg- und Hüttenfachs, sondern auch in den Studienplan für die Markscheider aufgenommen ist.

Die Verbindung der Mechanik mit der Mathematik kam im Jahre 1905 zustande als ein Zugeständnis an die Antimathematik-Bewegung, die mit unerwarteter Gewalt aus dem Lager der Techniker hervorbrach. Es ist nicht zu leugnen, daß bei dieser Neuregelung der Umfang des rein mathematischen Programms gegen früher abgenommen hat. Einen Ersatz dafür dürfte die bessere, vielseitigere Durchdringung der mathematischen Prinzipien bieten, die vermehrte Gelegenheit, die neuen Begriffe und Formeln der Infinitesimalrechnung unmittelbar auf Beispiele und Fragen der Kinematik, Statik und Dynamik anzuwenden, insbesondere sie zur Lösung von Aufgaben aus der Förder- und Maschinentechnik zu verwerten.

Allerdings wird der Mathematiker darüber zu wachen haben, daß bei der Einschränkung der mathematischen Grundlagen nicht über das Ziel hinausgeschossen und die Betonung der praktischen Seite der Mathematik nicht einseitig übertrieben wird, damit die feste mathematische Grundlage nicht vollends verloren geht. Auf der anderen Seite wird der Techniker verlangen dürfen, daß die Mechanik nicht etwa bloß als Anwendungsbeispiel für die Mathematik behandelt wird, sondern entsprechend dem Satze, den A. Föppl an den Beginn seiner bekannten „Vorlesungen“ stellt: „Die Mechanik ist ein Teil der Physik“.

Es darf ferner nicht verschwiegen werden, daß die Verbindung der Mechanik mit der Mathematik zu einer Vorlesung, die während eines Studienjahres gehalten werden soll, eine gewisse Gefahr in sich birgt. Wenn schon erfahrungsgemäß die Infinitesimalrechnung wegen der großen Fülle neuer Begriffe und Anschauungen dem Anfänger, der keine mathematische Ader besitzt, große Schwierigkeiten bereitet, so wachsen diese beträchtlich bei gleichzeitiger Hinzunahme der Mechanik. Die kombinierte Vorlesung stellt also an die Zuhörer ungewöhnlich große geistige Anforderungen, denen die jungen Leute zum Teil kaum gewachsen sind, die sie vielmehr veranlassen, darin eine genügende Entschuldigung für das „Schwänzen“ der Vorlesung zu finden.

Es dürfte daher zweckmäßiger sein, die Verbindung der Mechanik mit der höheren Mathematik zwar beizubehalten, die Vorlesung aber auf zwei Studienjahre zu verteilen, wie es in Freiberg schon der Fall ist. So schwer verdauliche Dinge sollten den Studierenden nur in kleineren Dosen verabreicht werden.

Das Hauptkolleg bringt im Winter den ersten Teil der Differentialrechnung bis zur Theorie der Maxima und Minima und den ersten Teil der Integralrechnung bis zur Quadratur mit fortlaufenden Anwendungen auf Geometrie und Mechanik. Diese Einteilung empfiehlt sich mit Rücksicht auf die Mechanik, um so bald als möglich auch in den Besitz des Integralbegriffs zu kommen. Die Vorlesung über Mechanik setzt mit einer kleinen Phasenverspätung ein. Hier können dann die Begriffe: Geschwindigkeit und Beschleunigung sogleich allgemein definiert werden, unter gleichzeitiger Hervorhebung ihres vektoriellen Charakters. Als Anwendung folgt die Bewegung beim Schub- und Kurbelbetrieb. Hieran schliesen sich ausgewählte Kapitel der Kinematik und der Mechanik des Massenpunktes und der starren Körper, wo Vektorbegriff und Vektoraddition verwendet werden. Eingehende Behandlung findet die Statik des Seils, der Bremse und starrer Stabverbindungen mit Anwendung auf die statische Durchrechnung des Seilscheibengerüsts einer unserer Zechen. Das Sommersemester bringt den zweiten Teil der Differential- und Integralrechnung, die Fortsetzung zur Mechanik des starren Körpers, u. a. die Mechanik des Stoßes, aus der Mechanik elastischer Körper die Durchbiegung des Freiträgers und des auf zwei Stützen liegenden Trägers und endlich ausgewählte Kapitel der Mechanik flüssiger Körper.

Für die Übungen sind wöchentlich zwei, in Clausthal eine Stunde bestimmt. Aus Mangel an Assistenten werden die Übungen an der Berliner Bergakademie in folgender Form abgehalten: Es wird eine Aufgabe an die Tafel geschrieben und einer der Studierenden aufgefordert vorzutreten, um die Aufgabe an der Tafel zu lösen. Dabei wird Wert darauf gelegt, helfend einzugreifen, besonders um die erste Scheu mancher Studierenden zu überwinden. Andererseits empfiehlt es sich nicht, auftretende Fehler selber sofort zu berichtigen; es ist besser, sie dem Spürsinn der übrigen Hörer zu überlassen, schon um deren Aufmerksamkeit und Selbsttätigkeit ständig wach zu erhalten. Ja, um diesen Zweck zu sichern, braucht man nicht davor zurückzuschrecken, bei den Entwicklungen an der Tafel absichtlich Versehen einschlüpfen zu lassen. Macht sich kein Scharren bemerkbar und wird keine Bemerkung laut, so läßt man eben eine Kunstpause eintreten, um Zeit für das Auffinden des Fehlers zu lassen. Indem man so den Studierenden die Versehen, die sie unvorbereitet bei Anwendung der Formeln machen würden, vorweg nimmt, wird die Möglichkeit, daß sie später dennoch fehlerhaft rechnen, verringert, mindestens ihnen die Berechtigung dazu abgesprochen. Allerdings hat man Sorge zu tragen, daß durch die nachherige Kritik den Studierenden das Vortragen nicht etwa verleidet wird. Die Studierenden, die die Lösung einer Aufgabe an der Tafel vorgeführt haben, werden aufgefordert, ihre Namen in einen Block einzutragen. Auf diese Weise gelingt es, eine engere Fühlung zwischen Vortragendem und Hörer zu erzielen.

Die Übungsstunden bieten auch Gelegenheit zur Anleitung im numerischen Rechnen unter Verwendung des Rechenschiebers, im Gebrauch der Tafeln in der „Hütte", des Planimeters behufs Ausmessung von Dampfdruckdiagrammen, in der Verwendung graphischer Methoden u. a. m. Diese sog. „praktische Mathematik", die in den geodätischen Rechenübungen zur Ausgleichungsrechnung an der Berliner Bergakademie weiter ausgedehnt, die in Aachen in den markscheiderischen Zeichen- und Rechenübungen gegeben und worüber in Clausthal eine besondere Vorlesung gelesen wird, die das mathematische Interesse bei diesen Übungen betont, findet neuerdings auch anderswo mehr und mehr Beachtung. So auch in Freiberg.

c) Die anderen mathematischen Vorlesungen. — Ebenfalls reiche Gelegenheit zu Übungen im numerischen Rechnen und im Gebrauch mathematischer Instrumente bietet die Vorlesung über Ausgleichungsrechnung, die auch in den Händen des Mathematikers liegt. Die Vorlesung geht aus von den Beobachtungen gleicher Genauigkeit und entwickelt die Methode der kleinsten Quadrate, unter Verzicht auf eine Begründung an der Hand der Wahrscheinlichkeitsrechnung, etwa in der Art, wie es A. Vogler in seinen vortrefflichen Grundzügen der Ausgleichungsrechnung[1]) vorgeschlagen hat. Dann folgt der Begriff des mittleren Beobachtungsfehlers, sein Fortpflanzungsgesetz, die Begriffe Genauigkeit und Gewicht; Auflösung der Normalgleichungen bei vermittelnden Beobachtungen, Annäherungen und Kontrollen; bedingte Beobachtungen. Den Schluß bildet eine nachträgliche Begründung der Methode der kleinsten Quadrate durch Ableitung des Prinzips der kleinsten Fehlerquadratsumme aus der Forderung des größten Gewichts der verbesserten Werte. Die Übungen behandeln den Vorwärtseinschnitt, den Rückwärtseinschnitt, die Ausgleichung eines Dreiecksnetzes und die Koordinatenberechnung. Die numerischen Unterlagen dieser Übungen rühren von Aufgaben her, die in der Vorlesung über Markscheidekunde und Geodäsie bzw. in den zugehörigen Übungen behandelt worden sind.

Die darstellende Geometrie endlich behandelt das Grund- und Aufrißverfahren, die schiefwinklige Parallelprojektion, besonders mit Rücksicht auf die Kristallographie und die Grundbegriffe der Zentralprojektion und Schattenkonstruktion. Sie wird in Berlin von einem Maschineningenieur G. Brelow, Mitglied des Kaiserlichen Patentamts, gelesen. In der Vorlesung über „bergwirtschaftliche Aufnahme und Wertberechnung von Lagerstättengruppen" wird über Berechnung und Kapitalisierung von Bergwerksrenten vorgetragen. Die Benutzung statistischer Quellenwerte, Anfertigung bergwirtschaftlicher Schaubilder, die Berechnung von Selbstkosten, die Aufstellung von Jahresabschlüssen und Bilanzen wird geübt.

d) Die Prüfungen. – Nach sechs Semestern darf sich der Bergbaubeflissene zur Referendarprüfung, nach vier Semestern der Studierende des Berg- oder Hüttenfachs zur Vorprüfung melden[2]), auf welche nach weiteren vier Semestern die Diplomingenieur-Prüfung folgt. Diese Ungleichheit in der Studienzeit für die Referendare einer- und die Studierenden des Berg- und Hüttenfachs andrerseits ist nur noch historisch zu begreifen, sachlich ist sie ungerechtfertigt[3]). Dasselbe gilt von der Vorschrift, daß die Bergbaubeflissenen in zwei Semestern an einer Universität immatrikuliert sein müssen; denn die Bergakademien bieten heutzutage ihren Studierenden Gelegenheit zu voller akademischer Ausbildung, ohne daß ergänzende Studien an einer Universität erforderlich wären. Es ist den Bergbaubeflissenen heute nicht mehr möglich, in drei Studienjahren den Wissensstoff zu bewältigen, um so weniger als die für den Universitätsbesuch vorgeschriebenen zwei Semester für das Studium meist nicht in Betracht kommen, denn der größte Teil der in Frage kommenden Studenten benutzt diese zwei Semester, um einer studentischen Korporation beizutreten. Jedoch besteht die begründete

1) Braunschweig 1883, Vieweg & Sohn.
2) Die Markscheider legen die Prüfung an den Oberbergämtern ab.
3) Vgl. W. Bornhardt a. a. O. S. 30.

Hoffnung, daß in absehbarer Zeit auch für die Bergbaubeflissenen die Diplomprüfung eingeführt werden wird.

Beim Referendar- und Vorexamen prüft der Mathematiker in Mathematik und Mechanik, sowie in darstellender Geometrie. Die Zeichnungen aus der darstellenden Geometrie hat der Kandidat bei der Meldung einzureichen. Die Prüfung wird in Gruppen von durchschnittlich vier Kandidaten abgenommen und so gehandhabt, daß jeder etwa vier bis fünf Aufgaben zur schriftlichen Erledigung erhält. Während drei der Kandidaten hiermit beschäftigt sind, beginnt gleichzeitig die mündliche Prüfung des vierten. Auf darstellende Geometrie kommen dabei nur wenige Fragen. Eine solche Prüfung dauert etwa fünfviertel Stunden.

e) Zur Hochschulpädagogik. — Ein Hochschulunterricht ist — was den Erfolg bei den Hörern angeht — bei uns in Deutschland von vornherein im Nachteil gegen den Mittelschulunterricht, da dort ein so unmittelbarer Kontakt wie hier nicht durchführbar ist. Es muß jedoch als dringend wünschenswert bezeichnet werden, daß auch der Hochschullehrer soweit wie möglich in Fühlung mit seinen Hörern zu kommen suche. Der Mathematiker, der sich darauf beschränkt, in fließendem, sog. glänzendem Vortrag seine Entwicklungen an der Tafel zu geben, läuft Gefahr, diesen so wünschenswerten Kontakt mit seinen Hörern nicht zu erreichen. Dieser Dozent ist gar nicht in der Lage — und er legt auch wohl kein Gewicht darauf — festzustellen, ob seine Hörer zu folgen imstande sind oder nicht.

Und doch bietet gerade der mathematische Hochschulunterricht Mittel genug, um diese Gefahr nach Möglichkeit zu verringern. Zunächst hat man in den Übungsstunden ein Mittel, sich zu überzeugen, wieviel von dem Vortrag mit Verständnis aufgenommen ist und wieviele der Studierenden dem Vortrage haben folgen können. Dieses Mittel sollte sich kein Mathematiker entgehen lassen. Und doch gibt es — wenigstens an Universitäten — noch immer zahlreiche wichtige mathematische Vorlesungen, die ohne Übungen gehalten werden!

Indessen, die Übungsstunden hinken nach. Es ist wünschenswert, schon in die Vortragsstunden Übungen einzustreuen und sich zu überzeugen, daß der Verbindungsfaden, der vom Vortragenden zum Hörer hinübergesponnen wird, nicht plötzlich gerissen ist, wenn auch die schöne äußere Form des Vortrags dabei Schaden leiden sollte.

Gerade der mathematische Vortrag läuft leicht Gefahr, trocken und langweilig zu werden — jedenfalls ist sein Ruf nicht der allerbeste. Das muß unter allen Umständen vermieden werden. Eines der Gegenmittel bildet eine Sammlung von Tafeln und Modellen. An mathematischen Modellen bietet ja die bekannte Sammlung von Schilling und neuerdings von H. Wiener ein reiches und interessantes Material.

Dazu kommen Demonstrationsapparate für Projektionsbilder[1]), Rechenschieber, Planimeter, ferner Rechenmaschinen und Integraphen. Für die Planimeterübungen ist es empfehlenswert, sich nicht auf das Coradische Polarplanimeter zu beschränken, sondern auch die Planimeterharfe und das Prytzsche Stangenplanimeter heranzuziehen. Zwar beträgt die Genauigkeit des letzteren in seiner primitivsten Form nur etwa $\frac{1}{5}$ der Genauigkeit eines Polarplanimeters, dafür verursacht aber seine Beschaffung sehr viel weniger Kosten.

Zur Anfertigung von Tafeln eignen sich die grundlegenden Definitionen und knappe Formelsammlungen aus Differential- und Integralrechnung, eignen sich grundlegende Sätze der Mechanik u. a. m. Zur Belebung der Vorlesung über Mechanik dienen u. a. die schönen Modelle aus der Eugen Meyerschen Sammlung, die bei Kohl in Chemnitz zu haben sind[2]), ferner Modelle für Schub- und Kurbeltrieb, für die Schiebersteuerung, für Band- und Differentialbremse, für die Trägheitsmomente von Querschnitten, das schöne Köpselsche Modell mit den elastischen Stahlkugeln zur Demonstration der Superposition von Schwingungen u. a. m.

In diesem Zusammenhange sind auch die verschiedenen Tafelwerke heranzuziehen, um die Studierenden rechtzeitig mit ihnen bekannt zu machen und in ihrem Gebrauch zu üben, so die Hütte, des Ingenieurs Taschenbuch, der Uppenbornsche Kalender für Elektrotechniker, Zimmermanns Rechentafeln, die neuen Rechentafeln von J. Peters (Berlin 1909, G. Reimer) u. a. m. Ein Tafelwerk ganz anderer Art bieten die Funktionentafeln von Jahnke-Emde[3]), wo sich z. B. für die Hyperbel-, Gamma-, Fehler-, Kugel-, elliptischen und Besselschen Funktionen erstens die gebräuchlichsten Formeln und Reihendarstellungen, zweitens ihre numerischen Tafeln und drittens ihre graphischen Darstellungen in einer gerade dem Bedürfnis des praktischen Ingenieurs angepaßten Form finden. Die Kurven sollen dazu beitragen, daß man sich in den Zahlentafeln rascher zurecht findet. Sie sind in erster Linie für den Techniker bestimmt, dem es meist erwünscht ist, rasch und bequem den Verlauf einer Funktion zu überblicken.

Zu einer solchen Ausgestaltung der mathematischen Vorlesungen sind aber Geldmittel erforderlich, also etwas, was in unserer heutigen Zeit äußerst rar ist. Immerhin verdient dankbar anerkannt zu werden, daß die Mathematiker an den Bergakademien in den letzten Jahren Geldmittel – wenn auch in bescheidenem Umfange – bewilligt er-

1) Hierbei sei auf die jetzt erscheinenden kinodiaphragmatischen Projektionsapparate zur Darstellung ebener und räumlicher geometrischer Figuren von E. Papperitz hingewiesen.

2) Vgl. den Vortrag von Eugen Meyer, Zeitschr. Ver. Deutsch. Ing. 1909, S. 1301. Vgl. auch Kammerer, Zeitschr. Ver. Deutsch. Ing. 1903 S. 735.

3) Funktionentafeln mit Formeln und Kurven. Leipzig 1909, B. G. Teubner.

halten haben, die auch noch für die Beschaffung einer kleinen Handbibliothek zum Gebrauche der Studierenden ausreichten.

Ein anderes wirksames Mittel, den Vortrag anregend zu gestalten, besteht darin, daß sich der Mathematiker die Mühe nimmt, sich mit dem fachlichen Vorstellungskreise seiner Zuhörer, ihren Arbeitsmethoden in den verschiedenen Fachgebieten bekannt zu machen. Es dürfte dem Mathematiker, der an einer Hochschule für besondere Fachgebiete Vorlesungen hält, nur von Nutzen für den Erfolg seines Unterrichts sein, wenn er selber einmal an einigen Übungen im Maschinen-Laboratorium teilgenommen hat, wenn er z. B. in der Handhabung eines Indikators Bescheid weiß, Einrichtung und Verwendung der verschiedenen Bremsen von Augenschein kennt, die Bestimmung der Leistung und des Kraftbedarfs einer Kreiselpumpe einmal selber vorgenommen hat.

An den Hochschulen für Sondergebiete besteht ferner die Einrichtung von Studienreisen, die jedes Semester von den Professoren zusammen mit den Studierenden unternommen werden. So gibt es an der Berliner, Clausthaler und Freiberger Bergakademie wie an der Technischen Hochschule Aachen maschinentechnische, berg- und hüttenmännische, markscheiderische und mineralogisch-geologische Exkursionen. Es erleichtert dem Mathematiker seine Aufgabe, wenn er sich entschließt und Wert darauf legt, hin und wieder an solchen Studienfahrten teilzunehmen. Der Vortrag eines Mathematikers, dessen Auge in dieser Weise geschärft ist durch technische Sachkenntnis, wird sich naturgemäß dem Vorstellungskreise und dem Auffassungsvermögen der Studierenden besser anschmiegen als der Vortrag des reinen Mathematikers, der die Verbindungsbrücken verschmäht, die von der Mathematik zur Technik hinüberführen.[1])

Voraussetzung ist dabei, daß es dem Handelsminister gelinge, auch den Finanzminister von der Nützlichkeit einer Teilnahme des Mathematikers an solchen Studienreisen zu überzeugen, damit dieser sich bereit erkläre, dem Mathematiker die Teilnahme in jeder Weise zu erleichtern, wie es z. B. an der Berliner Bergakademie in den Jahren 1905—1909 der Fall war, an der Clausthaler Bergakademie aber neuerdings — wenn auch in bescheidenem Maße — eingeführt worden ist.

Das ist der Geist, in welchem die Mathematiker an den preußischen Bergakademien bemüht sind, ihre Vorlesungen zu gestalten, um berechtigte Wünsche auf Seiten der Techniker zu erfüllen. Auf diese Weise hoffen sie der Antimathematikbewegung am sichersten entgegenzuwirken und zu verhindern, daß der Ingenieur durch Zurückdrängung der mathematischen Ausbildung zum Handwerker herabsinke.

---

1) Vgl. Zeitschr. für Archit. u. Ing. 1897, Nr. 22 und F. Klein, Zeitschr. Ver. Deutsch. Ing. 1898, Nr. 39.

Der Mathematiker aber, der in der oben geschilderten Weise vortragen soll, braucht mehr Zeit als ein anderer, der sich mit einer abstrakten Vortragsweise begnügt, die die Anwendungen in der Technik beiseite läßt. Jedenfalls darf die Zahl der Vortragsstunden, die bisher an den preußischen Bergakademien für die Mathematik festgelegt sind, nicht weiter verringert werden, wenn Wert darauf gelegt wird, daß die Vorlesungen in dem bisherigen Geiste weiter gehalten werden sollen.

Wir werden nachher sehen, daß an der Bergakademie Freiberg für Mathematik und Mechanik weit mehr Vorlesungsstunden bereit gestellt sind als an den preußischen Bergakademien.

## 6. Die Abteilung für Bergbau- und Hüttenkunde an der Technischen Hochschule Aachen.

In Aachen liegen die Vorlesungen über höhere Mathematik und Mechanik in verschiedenen Händen, jene in den Händen zweier Mathematiker, O. Blumenthal und W. Kutta, diese in den Händen eines Ingenieurs, H. Reißner. Auffälligerweise wird den Berg- und Hüttenleuten eine Wintervorlesung über höhere Mathematik geboten, die im Winter bis Weihnachten vier, bis Ostern zwei Stunden wöchentlich umfaßt, wozu noch zwei Stunden Übungen treten. Für die zu Ostern Eintretenden wird eine Sommervorlesung: Elemente der Differential- und Integralrechnung in fünf Vortrags- und einer Übungsstunde wöchentlich gehalten. Diese beiden Vorlesungen dürften allenfalls zu einer schnellen Einführung in die Gedanken der Infinitesimalrechnung ausreichen; sie genügen aber nicht, die Studierenden mit der Handhabung des neuen Instruments vertraut zu machen. Nicht gerade günstig für die mathematische Ausbildung der Berg- und Hüttenleute dürfte ferner sein, daß die erstgenannte Vorlesung nur ein Bruchstück einer größeren Vorlesung ist, die von Oktober bis Weihnachten 6, von Weihnachten bis Ostern 4 und im Sommer 6 Stunden Vortrag und zwei Stunden Übungen wöchentlich umfaßt.

Im Gegensatz hierzu ist die Ausbildung in Mechanik gründlicher. Diese Vorlesung umfaßt im Winter von Weihnachten bis Ostern 5 Vortragsstunden, im Sommer 4 Vortragsstunden wöchentlich. Sie behandelt die Grundbegriffe der Mechanik, sodann die Statik und bietet eine Übersicht der Dynamik des Punktes und des festen Körpers und eine Übersicht über Festigkeitslehre, Hydraulik und Erddruck.

Das vierstündige Sommerkolleg des Prof. Dr. E. Kötter: Elemente der darstellenden Geometrie behandelt Elementaraufgaben, Darstellung gradliniger und ebenflächiger Gebilde und ihrer Schatten, der graden Kegel- und Zylinderflächen und einiger Schraubenflächen im Zweitafelsystem; Darstellung einiger Kristalle in schiefer Parallelperspektive.

Die mathematische Ausbildung der Markscheider ist eine erheblich bessere als die der Berg- und Hüttenleute. Für sie ist im ersten Studienjahr eine sechsstündige Vorlesung über höhere Mathematik vorgesehen, die nur in der Zeit Weihnachten-Ostern auf vier Stunden herabgeht, wozu noch zwei Stunden Übungen treten. Das zweite Studienjahr bringt ihnen eine dreistündige Vorlesung über höhere Mathematik, wozu im Winter noch eine Übungsstunde hinzukommt. Darstellende Geometrie wird zwei Semester hindurch achtstündig gelesen, 4 Stunden Vortrag und 4 Stunden Übungen. Die Ausgleichungsrechnung und die Trigonometrie wird hier von dem Professor für Markscheidekunde, K. Haussmann, vorgetragen. Auch in Aachen wird über Bergwirtschaftslehre, Nationalökonomie und Organisation industrieller Unternehmungen gelesen.

Ich stelle wieder die Stundenverteilung in einer Tafel zusammen:

| | | I. | | II. | |
|---|---|---|---|---|---|
| | | Winter | Sommer | Winter | Sommer |
| Bergbaubeflissene Berg- u. Hütten-Ingenieure | Höhere Mathematik | 4 (2) + 2 | (5 + 1) | | |
| | Darstell. Geometrie | | 2 + 2 | | |
| | Mechanik | 5 | 4 | | |
| Markscheider | Höhere Mathematik | 6 (4) + 2 | 6 + 2 | 3 + 1 | 3 |
| | Sphär. Trigonometrie | 1 | | | |
| | Trigon. Übungen | 2 | | | |
| | Darstell. Geometrie | 4 + 4 | 4 + 4 | | |
| | Ausgleichungsrechn. | | | 2 + 1 | 1 + 2 |
| | Markscheid. Zeichen- und Rechenübungen | 2 | 2 | 2 | 2 |

## 7. Die Freiberger Bergakademie.

a) Geschichtliches. Sie wurde am 13. November 1765 gestiftet und hat von Anfang an akademischen Charakter gehabt. Freilich unterschied sie sich von der Universität dadurch, daß sie neben der theoretischen Geistesbildung sofort auch die Erziehung für den praktischen Lebensberuf in einem an den hohen Schulen des 18. Jahrhunderts unbekannten Maße berücksichtigte. Sie eröffnete ihre Vorlesungen Ostern 1766, nachdem schon lange vorher (nachweislich seit 1702) Kollegien über Probieren, Markscheiden, Metallurgische Chemie und Mineralogie gehalten worden waren und namentlich die Privatissima des Metallurgen Chr. E. Gellert viele Wißbegierige, darunter namhafte Gelehrte, nach Freiberg gezogen hatten.

b) Aufnahmebedingungen. Die Aufnahmebedingungen sind in Freiberg schon seit langer Zeit ebenso scharf wie heute bei den preußischen Akademien, bis auf die praktische Lehrzeit, die in Freiberg nicht notwendig dem eigentlichen Studium vorauszugehen braucht. Drei Monate praktischer Arbeit müssen bei der Meldung zur Vorprüfung drei weitere vor der Schlußprüfung nachgewiesen werden. Früher mußten sich die Staatsdienstaspiranten, selbst wenn sie ein Gymnasium vollständig absolviert hatten, einer Aufnahmeprüfung in der Mathematik und einzelnen Naturwissenschaften unterziehen. Die Aufnahmeprüfung für Ausländer, die sich auch auf Sprachen (namentlich Deutsch) erstreckte, wurde 1896 aufgehoben. Seither wird von den Ausländern nur ein den deutschen Reifezeugnissen gleichwertiges Zeugnis gefordert.

c) Die mathematischen Vorlesungen. — Die meisten Vorlesungen über höhere Mathematik gehen hier denjenigen über Mechanik voraus, die der Professor der Maschinenlehre, Dr. Ing. Fritzsche hält, womit natürlich nicht gesagt ist, daß der Mathematiker, E. Papperitz, nicht auch bereits Anwendungen auf Probleme der Mechanik und Physik brächte. Sie beziehen sich im ersten Jahre auf Infinitesimalrechnung und analytische Geometrie der Ebene und des Raumes. Parallel läuft ein Jahreskurs in darstellender Geometrie und graphischer Statik (2 St. Vortrag, 3 St. Übungen) und zwei 2stündige Sommervorlesungen über Algebra und sphärische Trigonometrie. Im zweiten Jahre folgt ein 2 stündiger Vortrag über Anwendungen der bestimmten Integrale und der einfachsten Differentialgleichungen. Die Vorträge werden durch Übungen unterstützt. Die ehedem übliche Form der wöchentlichen Repetitorien hat man verlassen; ebenso sind die schriftlich einzureichenden Arbeiten nur noch wenig in Anwendung. Kolloquien werden nach Bedarf abgehalten. Neuerdings hat man, ähnlich wie in Clausthal, ein mathematisches Praktikum eingeführt. Für dieses steht wöchentlich 1 Stunde ein Jahr lang für die Studierenden der ersten Jahrgänge zur freien Verfügung. Die Praktikanten können sich aus verschiedenen mathematischen Gebieten Aufgaben wählen und nach Anleitung des Professors bearbeiten.

Neben den Hauptvorlesungen werden ab und zu unentgeltliche wahlfreie Vorträge oder einzelne Vortragszyklen über Mathematik gehalten, z. B. über Axonometrie und Perspektive, geometrische Beleuchtungstheorie, Projektionskunst, politische Arithmetik, ausgewählte Kapitel aus der Geschichte der Mathematik usw. Die Akademie besitzt eine reichhaltige Sammlung von mathematischen Unterrichtsmodellen, die ebenso wie die Hilfsmittel der Projektionstechnik fortlaufend benutzt werden.

Aus dem Gesagten ersieht man, daß in den Freiberger Studienplänen der Mathematik und den verwandten exakten Naturwissenschaften durchschnittlich mehr Zeit zugeschrieben wird, als an den preußischen Bergakademien und anderen Technischen Hochschulen. Dies entspricht den Traditionen der Akademie und hat seinen Grund darin, daß ihre Professoren (man denke an Reich, Julius Weisbach, Zeuner) von jeher den Bildungswert der Mathematik speziell für die Ingenieure hoch eingeschätzt haben. Die Freiberger Ingenieure haben niemals einer Einschränkung des mathematischen Hochschulunterrichts das Wort geredet; sie haben sich der Antimathematikbewegung nicht angeschlossen. Gerade daraus aber ergab sich stets für den Mathematiker die Verpflichtung, die Ziele des Ingenieurs scharf im Auge zu behalten, nicht abstrakt und nicht über Dinge vorzutragen, die seinem Hörerkreise fern lagen.

Die Wintervorlesung über „berg- und hüttenmännische Rechnungswissenschaft", die in den Händen eines Handelsschullehrers liegt, dient der Einführung in die doppelte Buchführung mit Anwendung auf die Rechnungsführung eines industriellen Unternehmens, der Übung im Aufstellen von Bilanzen montanistischer Unternehmungen und entspricht etwa dem Kolleg der Berliner Bergakademie über „Bergwirtschaftliche Aufnahmen" und dem Clausthaler Kolleg über Verwaltungskunde.

Es mögen wiederum in einer Tafel die verschiedenen Vorlesungen und ihre Stundenzahl zusammengestellt werden:

| | | I. | | II. | |
|---|---|---|---|---|---|
| | | Winter | Sommer | Winter | Sommer |
| Bergingenieure | Höhere Mathematik | 5 + 1 | 5 + 1 | 2 + 1 | 2 + 1 |
| | Darstell. Geometrie | 2 + 3 | 2 + 3 | | |
| | Algebra | | 2 | | |
| | Sphär. Trigonometrie | | 2 | | |
| | Mechanik | | | 6 | 6 |
| Markscheider | Höhere Mathematik | 5 + 1 | 5 + 1 | 2 + 1 | 2 + 1 |
| | Darstell. Geometrie | 2 + 3 | 2 + 3 | | |
| | Algebra | | 2 | | |
| | Sphär. Trigonometrie | | 2 | | |
| | Mechanik | | | 6 | 6 |
| Hütteningenieure | Höhere Mathematik | 5 + 1 | 5 + 1 | | |
| | Darstell. Geometrie | 2 + 3 | 2 + 3 | | |
| | Algebra | | 2 | | |
| | Mechanik | | | 6 | 6 |
| Eisenhütten-ingenieure | Höhere Mathematik | 5 + 1 | 5 + 1 | 2 + 1 | 2 + 1 |
| | Darstell. Geometrie | 2 + 3 | 2 + 3 | | |
| | Algebra | | 2 | | |
| | Mechanik | | | 6 | 6 |

d) Prüfungen. — Was die Prüfungen angeht, so erteilt die Freiberger Bergakademie seit 1872 auf Grund einer Vor- und Schlußprüfung Diplome für Bergingenieure, Markscheider, Hütteningenieure und Eisenhütteningenieure nach einem mindestens vierjährigen Studium. Von den Markscheidern wurde bis vor kurzem nur dreijähriges Studium erfordert.

Seit 1905 besitzt die Freiberger Bergakademie das Recht der Doktor-Ingenieur-Promotion für ihre Diplom-Ingenieure, in Verbindung mit der Technischen Hochschule Dresden. Die Prüfungen erfolgen in Freiberg unter Zuziehung eines Mitgliedes der Technischen Hochschule. Das Diplom wird vom Rektor der Bergakademie mitunterzeichnet.

Die Freiberger Akademie gewährt ihren Ingenieuren die volle akademische Ausbildung, ohne daß ergänzende Studien an einer Universität erforderlich wären.

### 8. Vergleich der deutschen Bergakademien mit den montanistischen Hochschulen Österreichs.

Die Lehrpläne der k. k. montanistischen Hochschulen Leoben und Přibram schreiben vor:

| | I. Winter | I. Sommer | II. Winter |
|---|---|---|---|
| Höhere Mathematik . . . . . . . . . . . . | 4 + 2 | 4 + 1 | |
| Darstellende Geometrie . . . . . . . . . . | 3 | 3 | |
| Technische Mechanik I. . . . . . . . . . . | 3 | 3 + 2 | |
| Technische Mechanik II . . . . . . . . . . | | 2 | |
| Versicherungsmathematik. . . . . . . . . . | | | $1\frac{1}{2}$ |

Daneben wird in Přibram als nicht vorgeschriebene sog. außerordentliche Vorlesung gehalten: Einführung in die Vektoranalysis mit den grundlegenden Anwendungen auf Mechanik und Elektrophysik.

Die vorstehende Tafel läßt erkennen, daß die Zahl der Vorlesungen für Mathematik und Mechanik an den österreichischen Bergakademien mindestens nicht kleiner ist als an den deutschen, selbst wenn man von der technischen Mechanik II absieht, die in der Hauptsache Festigkeitslehre bringt.

### 9. Lehrbücher und Aufgabensammlungen.

Für die Vorlesungen über höhere Mathematik und ihre Anwendungen findet man in den Händen der Berg- und Hüttenleute folgende Bücher:

An erster Stelle ist Autenheimer, Elementarbuch der Differential- und Integralrechnung, 6. Auflage, Leipzig 1910, Voigt, zu nennen als eines der ersten Lehrbücher, die die Anwendungen der Infinitesimalrechnung auf Mechanik und Physik in ausgedehntem Maße berücksichtigt haben. Sodann Nernst-Schoenflies, Einführung in die mathematische Behandlung der Naturwissenschaften, 6. Aufl., München 1910, R. Oldenbourg, das, weniger umfangreich als Autenheimer, neuerdings auch die mechanischen Anwendungen stärker berücksichtigt und sich großer Beliebtheit erfreut. Weiter R. Fricke, Hauptsätze der Differential- und Integralrechnung, 5. Aufl., Braunschweig 1910, Vieweg und Sohn; J. W. Mellor, Höhere Mathematik, Berlin 1906, J. Springer, und H. A. Lorentz, Lehrbuch der Differential- und Integralrechnung, Leipzig 1907, A. Barth, dessen mathematisches Programm weiter reicht als das der vorgenannten Bücher. Sehr ausführlich ist die Darstellung in Scheffers' vortrefflichem Lehrbuch der Mathematik, Leipzig 1905 (1911), Veit & Co., das jetzt in zweiter Auflage vorliegt. Ganz neuerdings sind erschienen: G. Helm, die Grundlehren der höheren Mathematik, Leipzig 1910, Akadem. Verlag, ein empfehlenswertes Buch; H. Lorenz, Einführung in die Elemente der höheren Mathematik und Mechanik, Berlin 1910, R. Oldenbourg, das allerdings nach Ansicht des Verfassers für die Prima des Realgymnasiums und der Oberrealschule bestimmt sein soll, und O. Dziobek, Vorlesungen über Differential- und Integralrechnung, Leipzig 1910, B. G. Teubner. Mehr als Sammlung von Übungsaufgaben denn als Einführung empfiehlt sich J. Perry, Höhere Analysis für Ingenieure, 2. Aufl., Leipzig 1910, B. G. Teubner. Auch H. Dölp, Grundsätze und Aufgaben der Differential- und Integralrechnung, nebst den Resultaten, 12. Aufl., Gießen 1909, A. Töpelmann, wird empfohlen.

Für analytische Geometrie kommen in Betracht: Ganter-Rudio, die Elemente der analytischen Geometrie der Ebene, 7. Aufl. 1910, und Rudio, Die Elemente der analytischen Geometrie des Raumes, 4. Aufl. 1908, Leipzig, B. G. Teubner; außerdem F. Schur, Lehrbuch der analytischen Geometrie, Leipzig 1898, Veit & Co.

Für darstellende Geometrie: Rohn-Papperitz, Lehrbuch der darstellenden Geometrie, 3. Aufl., Leipzig 1906, Veit & Co.; E. Gerland, Kurzer Abriß der darstellenden Geometrie, Leipzig 1899, W. Engelmann; Haußner, Darstellende Geometrie I, II, Leipzig 1902, 1908, Göschen.

Während unter den vorgenannten Lehrbüchern für höhere Mathematik immerhin mehrere sind, die sich für die Studierenden unserer Bergakademien recht gut eignen, ist an entsprechenden Büchern für Mechanik eher über Mangel zu klagen. In Gebrauch finden sich die folgenden: A. Föppl, Vorlesungen über technische Mechanik, Leipzig, B. G. Teubner, 6 Bde in verschiedenen Auflagen 1898—1911; H. Undeutsch, Einführung in die Mechanik, Wien 1881, F. Deuticke; O. Hoppe, Elementares Lehrbuch der technischen Mechanik, Leipzig 1894, A. Felix; P. Stephan, Die technische Mechanik, Leipzig 1904, B. G. Teubner, ein Werk, das die Benutzung der Infinitesimalrechnung verschmäht und dadurch vielfach weitläufig wird, sonst aber bei den Studenten nicht unbeliebt ist; A. Ritter, Lehrbuch der höheren Mechanik, 3. Aufl., Leipzig 1899, A. Kröner; C. Bach, Elastizität und Festigkeit, 10. Aufl. Berlin 1908, J. Springer; A. v. Jhering, Die Mechanik I, Leipzig 1910, B. G. Teubner; J. Perry, Angewandte Mechanik, Leipzig 1908, B. G. Teubner, ein in seiner Art vortreffliches Buch; A. Fuhrmann, Aufgaben aus der analytischen Mechanik, Leipzig 1904, B. G. Teubner; A. Ostenfeld, Technische Statik, Leipzig 1904, B. G. Teubner; E. Mach, Die Mechanik in ihrer Entwicklung, 6. Aufl., Leipzig 1908, Brockhaus.

An Sammelwerken, die für die Bergakademiker zum Nachschlagen über Mathematik und Mechanik in Betracht kommen, sind zu nennen die Hütte, des Ingenieurs Taschenbuch, Berlin 1909, W. Ernst u. S.; der Deutsche Kalender für Elektrotechniker, München 1910, R. Oldenbourg; E. Jahnke und F. Emde, Funktionentafeln mit Formeln und Kurven, Leipzig 1909, B. G. Teubner; das Taschenbuch für Mathematiker und Physiker, 2. Jahrgang, Leipzig 1911, B. G. Teubner.

# II. Die Hochschulen der deutschen Militärverwaltungen.

## 1. Einleitung.

In Preußen gibt es gegenwärtig nur noch zwei verschiedene militärische Hochschulen, die Kgl. preußische Kriegsakademie (seit 1810) und die Militärtechnische Akademie (seit 1903), in die 1907 die Kgl. preußische Artillerie- und Ingenieurschule (seit 1816) aufgegangen ist. Daneben besitzt noch Bayern (seit 1868) eine Kgl. Kriegsakademie und eine Artillerie- und Ingenieurschule, während die Kgl. sächsischen und Kgl. württembergischen Offiziere auf die beiden erstgenannten Akademien angewiesen sind. Endlich gibt es im Deutschen Reich die Kaiserliche Marine-Akademie in Kiel (seit 1872).

Es wird gut sein, gleich vorweg zu betonen, daß alle diese Hochschulen keine Semester, sondern Studienjahre haben.

## 2. Die Kgl. preußische Kriegsakademie in Berlin.[1])

a) Die Zahl der mathematischen Vorlesungen. — Die von Scharnhorst entworfenen Grundlinien ihres Studienplans sind bis auf den heutigen Tag beibehalten worden. Das Studium ist auf drei Jahre berechnet, doch ist in jedem Jahre nur die Zeit vom 1. Oktober bis 1. Juli dem Unterricht gewidmet; während der drei Monate vom 1. Juli bis 1. Oktober kehrt der Offizier zum praktischen Dienst zurück.

Der mathematische Unterricht erstreckte sich früher über alle drei Studienjahre. Und zwar wurde ihm von Scharnhorst, der, als Zeitgenosse Napoleons, von dem Bildungswert der Mathematik eine außerordentlich hohe Auffassung hatte, in der Meinung, daß ein großer Feldherr auch ein großer Mathematiker sein müsse[2]), der breiteste Raum unter allen Fächern im Lehrplan eingeräumt. Noch 1868 setzte der Lehrplan in Lehrstufe I 9, in Lehrstufe II 6, in Lehrstufe III 6, dann 3 für Geodäsie, im ganzen 24 Stunden für die Woche fest, wobei allerdings das Hören der Vorträge nur für I obligatorisch war, sodaß Mathematik und Geodäsie im Besitz fast eines Viertels sämtlicher Stunden waren. Sämtliche Lehrer begannen ihren Vortrag in I und führten ihn während der beiden folgenden Jahre in II und III durch. Seitdem ist die Zahl der für Mathematik bestimmten Vortragsstunden in ständiger Abnahme begriffen.

---

1) v. Scharfenort, Die Königlich preußische Kriegsakademie, Berlin 1910, E. S. Mittler & Sohn.

2) Vgl. P. Stäckels Rektoratsrede a. a. O. S. 121.

Seit 1885 wird das Hören der mathematischen Vorträge für alle drei Lehrstufen zur freien Wahl gestellt. Seit Mitte der 90er Jahre umfaßte Lehrstufe I wöchentlich 4, II 4 und III 3 Stunden. Vom 1. Oktober 1910 an erstreckt sich der mathematische Unterricht nur noch über die beiden ersten Studienjahre, I mit 6, und II mit 4 Stunden. Es ist eine unverkennbare Neigung vorhanden — nachdem 1910 Physik und 1911 Chemie bereits gestrichen worden sind — die Mathematik soweit zu beschränken, daß der gebotene Stoff für das Verständnis des Vortrags über Vermessungswesen im III. Jahre eben ausreicht, um so für die berufliche Ausbildung mit ihren wachsenden Anforderungen mehr Zeit zu gewinnen. Diese Tendenz ist umso verständlicher, als die spezielle Pflege der mathematischen Erziehung der Militärtechnischen- und der Marine-Akademie zugewiesen ist; sie findet ihre Schranke an dem Wunsche der Verwaltung, die trigonometrische Abteilung des Generalstabes auch in Zukunft mit Herren zu besetzen, die aus der Kriegsakademie hervorgegangen sind.

b) Die gegenwärtige Lehrordnung.[1]) — Die Kommandierung zur Kriegsakademie setzt in der Mathematik diejenigen Kenntnisse voraus, die bei der Fähnrichsprüfung verlangt werden: elementare Planimetrie, quadratische Gleichungen, Logarithmen, ebene Trigonometrie. Der Vortrag der Lehrstufe I behandelt die sphärische Trigonometrie, die analytische Geometrie der Ebene, die Differentialrechnung und die Theorie der unendlichen Reihen. Auf der Lehrstufe II sind solche Kapitel der Differentialrechnung, die auf Lehrstufe I nicht genügend erledigt werden konnten, zu wiederholen, die Integralrechnung und die analytische Geometrie des Raumes vorzutragen. Die dann noch erübrigte Zeit ist zur Behandlung einzelner Beispiele aus der analytischen Mechanik zu benutzen.

Dazu kommen für die Hörer der Mathematik auf der zweiten und dritten Lehrstufe je eine wöchentliche Vortragsstunde in astronomischer Ortsbestimmung und für die Mathematiker der dritten Lehrstufe drei wöchentliche Stunden in Vermessungslehre.

Der mathematische Unterricht wird für Jahrgang I und Jahrgang II von zwei Mathematikern erteilt, nämlich R. Lehmann-Filhès, zugleich ordentlichem Honorarprofessor an der Berliner Universität, und — bis Oktober 1911 — E. Lampe, gleichzeitig etatsmäßigem Professor an der Technischen Hochschule Charlottenburg. Vor dem 1. Oktober 1910 hörten die Jahrgänge II und III bei einem und demselben Herrn, nämlich Geheimrat Lampe.

c) Ausblick auf die Zukunft. — Man kann wohl sagen, daß die jetzt in der Mathematik an der Kriegsakademie gesteckten Ziele gegen die frühere Höhe etwas tiefer stehen. Neueste Vorgänge lassen vermuten, daß die Anforderungen immer weiter zurückgehen sollen!

1) Lehrordnung der Kgl. Kriegsakademie. Berlin 1910, E. S. Mittler u. S.

Man hat nämlich zum Nachfolger Lampes, der nach siebenunddreißigjähriger Lehrtätigkeit (1874—1911) zurückgetreten ist, einen Privatdozenten für Chemie von der Technischen Hochschule, K. Arndt, ernannt! Ob eine bewußte Geringschätzung der mathematischen Ausbildung vorliegt, die entschlossen ist mit den Traditionen der preußischen Kriegsakademie zu brechen, soll hier nicht untersucht werden. Nach den mancherlei Wechseln, welche die Lehrordnung gerade in Mathematik an der Kriegsakademie im Laufe der letzten Jahrzehnte erfahren hat, ist die Hoffnung nicht von der Hand zu weisen, daß die mathematische Professur später wieder einem Mathematiker übertragen werde.

Die Militärtechnische Akademie hat es übernommen, die naturwissenschaftliche Seite der Ausbildung besonders zu betonen und daneben der Mathematik den ihr gebührenden Anteil zurückzugeben.

### 3. Die preußische Militärtechnische Akademie in Charlottenburg.

a) Die Zahl der mathematischen Vorlesungen. — Weiter als an der Kriegsakademie (= K. A.) gehen die Anforderungen in Mathematik an der Militärtechnischen Akademie (= Mt. A.), die am 1. Oktober 1903 eröffnet worden ist. Bis zum Jahre 1907 bestand daneben, wie schon gesagt, die 1816 gegründete Kgl. preußische Artillerie- und Ingenieurschule, die am 17. Mai 1907 mit der Militärtechnischen Akademie vereinigt wurde. An dieser gibt es drei Abteilungen: Waffenwesen (= W.), Ingenieurwesen (= J.) und Verkehrswesen (= V.); diese gliedern sich in je vier Lehrstufen, deren jede einen Jahrgang umfaßt. Die Kommandierung zum Besuch der Akademie erfolgt jedesmal nur auf ein Jahr zu einer bestimmten Lehrstufe, beginnt am 1. Oktober und endet Mitte Juli. Für die Mehrzahl der Offiziere schließt die Ausbildung mit dem zweiten Jahr ab.

Die Zahl der mathematischen Wochenstunden (einschl. Darstellende Geometrie, Mechanik und Ballistik) vom 1. Oktober 1910 ab ist aus der folgenden Tafel zu ersehen:

| Lehrordnung 1910 | Waffenwesen | | | | Ingenieurwesen | | | Verkehrswesen | | |
|---|---|---|---|---|---|---|---|---|---|---|
| | Math. | Darst. G. | Mech. | Ball. | Math. | Darst. G. | Mech. | Math. | Darst. G. | Mech. |
| Jahrgang I. | 4 | 0 | 3 | 2 | 2 | 0 | 0 | 4 | 0 | 3 |
| Jahrgang II. | 2 | 4 | 3 (2) | 3 | 4 (fr.) | 0 | | 2 | 0 | 2 |
| Jahrgang III | 4 | 0 | 0 | 12 | 4 | 0 | 5 (4) | 4 | 0 | 5 |
| Jahrgang IV | 0 | 0 | 0 | 8 | 0 | 0 | 5 (0) | 0 | 0 | 0 |

Die in Klammern befindlichen Zahlen beziehen sich auf die Zeit bis zum 1. Oktober 1910. Die Zahl der Vorlesungen über Mechanik ist also seit dem 1. Oktober 1910 für W. II und J. III, J. IV erhöht worden; fr. bedeutet freiwillig.

b) Die Lehrordnung für Mathematik. — Die Kommandierung zur untersten Stufe der Mt. A. setzt diejenigen Kenntnisse in Mathematik voraus, bis zu welchen das humanistische Gymnasium seine Schüler zu führen hat, ohne aber das Maturum zur Bedingung zu machen.

Unter den Abteilungen der Mt. A. geht das mathematische Pensum der Abteilung für Waffenwesen am weitesten. Auf eine kurze Wiederholung des Lehrstoffes der Prima des humanistischen Gymnasiums unter besonders eingehender Behandlung des binomischen Lehrsatzes für ganze Exponenten, der natürlichen Logarithmen und der zyklometrischen Funktionen folgen die Grundlagen der analytischen Geometrie der Ebene und des Raumes, die Grundbegriffe der Differential- und der Integralrechnung, Entwicklung der elementaren Differential- und Integralformeln. Die zweite Lehrstufe der Abteilung für Waffenwesen bringt die höheren Ableitungen von Funktionen einer und mehrerer Veränderlichen, gewöhnliche Differentialgleichungen, Anwendungen der Infinitesimalrechnung auf Analysis und Geometrie, insbesondere die Theorie der Maxima und Minima, der Asymptoten, der Einhüllenden und der Krümmung von Kurven, der Grenzwerte unbestimmter Ausdrücke, Reihenentwicklungen, Quadratur, Rektifikation und Kubatur. Hieran schließen sich in W. III die bestimmten Integrale, die Mittelwertsätze, Betrachtung spezieller Funktionen, der Fundamentalsatz der Algebra mit Anwendung auf die Lehre von den Gleichungen höheren Grades, die höheren arithmetischen Reihen; weiter die Definition der Gammafunktion, mehrfache Integrale, eingehendere Behandlung der gewöhnlichen Differentialgleichungen, die partiellen Differentialgleichungen, die Grundbegriffe aus der Lehre von den Raumkurven und krummen Flächen und die Elemente der Variationsrechnung.

In der darstellenden Geometrie, die nur für die Abteilung Waffenlehre in Betracht kommt, beschränkt sich der Vortrag auf die Orthogonalprojektion, die Lösung der stereometrischen Elementaraufgaben und die Durchdringungen von Rotations- und anderen wichtigen Körpern. Die Beteiligung an diesen Vorträgen ist nur für diejenigen pflichtmäßig, die später zur W. III überzutreten beabsichtigen, sonst freiwillig. Von den vier Stunden sind die eine für Vortrag, die anderen für die Übungen bestimmt.

Beim Waffenwesen wird im ersten Jahrgang g e t r e n n t unterrichtet je nach Feld-, Fußartillerie oder Infanterie, aber nicht in Mathematik und Mechanik und zwar hören W. I Feldartilleristen für sich, Fußartilleristen und Infanteristen dagegen zusammen; in W. II desgleichen; in W. III hören Ballistiker und Konstrukteure Mathematik zusammen. Seit dem 1. Oktober 1910 wird die genannte Trennung auch auf Mathematik im zweiten Jahrgang, also W. II, ausgedehnt. Dagegen sind die dritten und vierten Jahrgänge nur in zwei Abteilungen getrennt: Ballistiker und Konstrukteure. Die vier Lehrstufen werden in der Regel in aufeinander folgenden Jahren besucht.

Dagegen muß bei den Pionieren jeder Offizier zwei Studienjahre hintereinander auf der Militärtechnischen Akademie erledigen und geht dann zur Truppe zurück. Sie hören — wie aus der Lehrordnung hervorgeht — keine Vorlesungen über Mechanik, statt dessen sind für sie Vorlesungen über Bautechnik angesetzt, in denen ja einiges aus der Mechanik gebracht wird. Die Stundenzahl in Bautechnik für J. I ist seit dem 1. Oktober 1910 auf 4 erhöht worden.

Für J. III ist die Zahl der Vorlesungen über Mechanik seit dem 1. Oktober 1910 auf 5 erhöht worden. Für J. IV, wo die Offiziere entweder besonders als Bauingenieure oder als Maschineningenieure oder als Elektroingenieure ausgebildet werden, ist Mechanik als Unterrichtsfach neu hinzugekommen und sogleich mit 5 Stunden angesetzt worden.

Vermessungswesen findet sich bloß beim ersten Jahrgang der Ingenieurabteilung, wo u. a. die Grundzüge der Landestriangulation und Katastervermessung vorgetragen und Übungen im Planzeichnen vorgenommen werden.

In der Verkehrsabteilung folgen wie in der Waffenabteilung alle vier Jahrgänge unmittelbar aufeinander. In den beiden unteren sind alle Waffengattungen vertreten, in den beiden oberen nur Verkehrsoffiziere, die sich entweder besonders dem Elektro- oder Maschineningenieurwesen oder dem Brückenbau widmen.

An der Militärtechnischen Akademie ist der gesamte mathematische Unterricht (ausschl. darstellende Geometrie) für W. in der Hand eines Mathematikers, O. Dziobek, zugleich Dozenten an der Technischen Hochschule Charlottenburg[1]), vereinigt, der auch den Unterricht in der J. III und V. III erteilt, und zwar V. III mit W. III zusammen; in der V. I und V. II trägt ein Privatdozent für Chemie von der technischen Hochschule, K. Arndt, in der J. I und J. II ein ehemaliger Offizier, A. Engelhardt, Oberstleutnant a. D., Mathematik vor. Der Unterricht in Mechanik ist in allen Abteilungen, ausgenommen V. I und V. II, in der Hand eines Professors vereinigt, C. Pietsch, der auch Privatdozent an der Technischen Hochschule ist. In V. I und V. II liest Ingenieur Kirchner, zugleich Assistent von Müller-Breslau an der Technischen Hochschule.

Es wird den Hörern der höheren Lehrgänge der Waffenabteilung, welche besondere Neigung und Fähigkeiten für Mathematik und Mechanik gezeigt haben, geraten und anheimgestellt, zur weiteren Ausbildung besondere Vorlesungen an der Technischen Hochschule und auch an der Universität zu besuchen. Besonders gilt dies für die ballistische Abteilung, deren Ansprüche an die mathematische Ausbildung größer sind als bei den übrigen Abteilungen.

c) Die Lehrordnung für Ballistik und das ballistische Laboratorium. — Über Ballistik trägt C. Cranz vor. Während der Unterricht in W. I und W. II eine vorwiegend praktische Richtung

1) Vgl. O. Dziobek, Lehrbuch der analytischen Geometrie. Berlin 1900, H. Th. Hoffmann. — Vorlesungen über Differential- und Integralrechnung. Leipzig 1910, B. G. Teubner.

hat, wird die Ballistik in W. III und W. IV auf streng wissenschaftlicher Grundlage behandelt. Der Professor führt die Offiziere in die graphischen, rechnerischen und experimentellen Methoden zur Bestimmung der Flugbahn ein, macht ihnen die Ergebnisse eigner und fremder Forschungen zugänglich und gibt die erforderlich werdenden Ergänzungen aus den Hilfswissenschaften der Ballistik, insbesondere der Wärmemechanik und Kinematik.

In der äußeren Ballistik handelt es sich insbesondere um eine kritische Besprechung der verschiedenen Luftwiderstandsgesetze und Luftwiderstandsversuche, um die Berechnungen über die Schiefstellung der Geschoßachse, über die Spitzenkoeffizienten und über die günstigste Geschoßform auf Grund der Variationsrechnung, um das übliche Verfahren zum Erschießen von Formwerten und um die Methoden des Schwenkens einer Flugbahn (Arbeiten von Riemann und Vieille, von Lorenz und Sommerfeld); sodann um das spezielle ballistische Problem und die wichtigsten Näherungsmethoden zu seiner Lösung (Arbeiten von Euler, Otto, Bashforth, Greenhill einerseits, von Bernoulli, Legendre, Borda, Didion, Siacci, Braccialini, Vallier, Sabudski, Charbonnier, v. Wuich andrerseits); und endlich um die gleichmäßigen und zufälligen Abweichungen der Geschosse, um die Anwendung der Kreiseltheorie auf die Geschoßpendelung bei rotierenden Langgeschossen, um die Methode der kleinsten Quadrate und die Geschoßstreuung und um die Theorie des Eindringens von Geschossen in das ausgedehnte materielle Ziel. Hieran schließen sich Anwendungen der Theorie der partiellen Differentialgleichungen speziell der Gleichungen der Hydrodynamik auf die Luftwiderstandstheorien.

In der inneren Ballistik werden die für die ballistischen Zwecke wichtigsten Teile der Wärmemechanik besprochen, der erste und zweite Hauptsatz der Thermodynamik, die speziellen Zustandsänderungen, Ausströmungsgeschwindigkeit von Gasen, Differentialgleichung der Bewegung des Geschosses innerhalb des Rohrs, Näherungsmethoden zur Lösung des innerballistischen Problems und Genauigkeitsprüfung, Stabilitätsbedingungen für ruhigen Flug des rotierenden Langgeschosses (theoretische Drallgesetze).

Hieran schließt sich die Lehre von den Messungs- und Beobachtungsmethoden, sowie den Messungsinstrumenten der äußeren und inneren Ballistik. Es werden behandelt: Messung des Abgangswinkels und Abgangsfehlerwinkels sowie des Auffallwinkels; Messung der Bahngeschwindigkeit des Geschosses, insbesondere der Anfangsgeschwindigkeit durch die älteren und neueren Methoden; Prüfung der Meßapparate, Messung größerer Flugzeiten, elektrische Momentphotographie zur Aufnahme des fliegenden Geschosses und der umgebenden Luftschlieren nach E. und L. Mach, direkte Ermittlung der Rotationsgeschwindigkeit, Messung der meteorologischen Bestimmungselemente des Tagesluftgewichts, statische und dynamische Methoden zur Messung des Gasdrucks,

Messung der Verbrennungszeit des Pulvers, Brisanz- und Dichtigkeitsmesser und elektrische Momentphotographie zur Beobachtung des Funktionierens automatischer Waffen, der Gasausströmungen aus dem Verschluß und zur Messung des Rücklaufs. Dabei kommen zur Verwendung Planimeter und Integraph, Photogrammetrie, speziell Stereophotogrammetrie und ballistische Kinematographie.

Hand in Hand mit den Vorlesungen gehen die Übungen in dem von Cranz geschaffenen ballistischen Laboratorium der preußischen Mt. A., das in seiner Art wohl einzig dasteht. Es handelt sich einerseits um rechnerische und zeichnerische Übungen zur Lösung von Aufgaben aus der äußeren und inneren Ballistik; andererseits um experimentelle Übungen, indem die sämtlichen oben genannten Meßmethoden von den Offizieren selbst eingeübt werden. Dabei verdient hervorgehoben zu werden, daß die Hörer über ihre Versuche ausführliche Protokolle ausarbeiten. Zu seiner Unterstützung stehen dem Vorsteher des Laboratoriums in den Übungen zwei Militärhilfslehrer als Assistenten zur Seite.

Am Schluß des vierten Jahrgangs, also in W. IV, werden größere theoretische und experimentelle Prüfungsarbeiten ausgeführt, wozu die Offiziere mehrere Monate Zeit haben.

Indem so mathematische Forschung und Technik innig ineinander greifen, gelingt es dem Theoretiker, die Grundlagen und den Genauigkeitsgrad seiner Berechnungen stets deutlich hervortreten zu lassen, und dem Praktiker, einwandfreie Unterlagen für die Theorie zu schaffen; denn wir können natürlich aus der mathematischen Mühle nicht mehr herausholen als wir hineingetan haben. Der Hauptnutzen der Theorie besteht eben darin, die Versuche von vornherein in gewisse Grenzen einzuweisen und damit viele Zeit und viele Kosten zu ersparen.[1])

d) Vergleich mit der ehemaligen Ingenieur- und Artillerieschule. – Vergleicht man noch die mathematische Ausbildung der Offiziere an der preußischen Militärtechnischen Akademie mit der Ausbildung an der ehemaligen Ingenieur- und Artillerieschule, so unterliegt es keinem Zweifel, daß die Anforderungen ganz erheblich gesteigert worden sind, zumal an dieser über Mechanik und darstellende Geometrie seiner Zeit gar nicht vorgetragen wurde.

### 4. Der applikatorische Unterrichtsbetrieb auf den Hochschulen der preußischen Militärverwaltung.

Bereits Scharnhorst hatte den sogenannten „applikatorischen" Unterrichtsbetrieb angeregt. In Wirklichkeit wurden aber die Vorträge in akademischer Form gehalten, um, wie man sagte, der allgemeinen Kriegsschule – wie die Kriegsakademie zunächst hieß – den Charakter der Universität zu wahren.

1) Vgl. C. Cranz, Lehrbuch der Ballistik. Neuauflage in 4 Bänden. Erster Band: Äußere Ballistik. Leipzig 1910, B. G. Teubner.

Gegenwärtig ist sowohl an der K. A. als auch an der Mt. A. das „angewandte Lehrverfahren" in Geltung. Mit den Vorträgen werden schriftliche und mündliche Übungen der Offiziere in der Anwendung des Erlernten verbunden. Bei einfacheren Fragen, die sich dem Vortrage unmittelbar anschließen, werden – wenigstens auf der K. A. – gelegentlich alle Offiziere des Hörsaals zur Vorbereitung aufgefordert und in der nächstfolgenden Vortragsstunde dieser oder jener zum Vortrag in freier Rede vom Katheder aus veranlaßt. Auch ist es den Hörern gestattet, an jeder Stelle den Vortragenden zu unterbrechen und Fragen an ihn zu richten. Gegen Ende jedes Unterrichtsjahres werden Schlußprüfungsarbeiten – an der Mt. A. im ersten Jahrgang schon während des Studienjahres je einmal Prüfungsarbeiten – unter Aufsicht angefertigt und von den Lehrern beurteilt. Die Dauer der Klausurarbeit beträgt auf der Mt. A. etwa 2 Stunden, auf der K. A. hängt sie vom Antrage des Professors ab; die Anzahl der Aufgaben bleibt dem Professor überlassen. Außerdem kann dieser gelegentlich schriftliche Aufgaben anfertigen lassen. Die Offiziere der obersten Lehrstufen der Mt. A. bearbeiten zu Hause größere Aufgaben aus dem Bereich der Ballistik oder der Waffenkonstruktionslehre, des Festungsbaues, des Kriegseisenbahn- und Kriegsbrückenbaues.

In den Übungsstunden an der Kriegsakademie,[1]) welche Doppelstunden sind, wurde es bis 1885 teilweise so gehalten, daß die Hörer zunächst mehrere Aufgaben zur sofortigen Bearbeitung bekamen. Der Professor bewegte sich zwischen ihnen, um jedem, der es wünschte, bei der Lösung der Aufgaben behilflich zu sein. Die zweite der Doppelstunde benutzte er dann, um selber an der Wandtafel die Lösungen zu entwickeln, indem er an die gemachten Beobachtungen anknüpfte. In angemessenen Zwischenräumen ließ er auch die Lösungen in den beiden Stunden ausarbeiten und nahm die Arbeiten zur Durchsicht mit nach Hause. In der Regel geschah dies nach Beendigung eines Kapitels, damit er ein Urteil über den Erfolg erhielt und auch die Leistungen jedes einzelnen im Laufe des Studienjahres kennen lernte.

Gegenwärtig werden die Übungen an der K. A. ganz verschieden gehandhabt. So hält einer der beiden Professoren überhaupt keine besonderen Übungen ab, sondern nimmt im Falle des Bedarfs in allen Stunden Übungen vor, wobei einer der Offiziere an der Tafel vorrechnet.

Die Unterrichtsstunden auf der Mt. Akademie sind fast durchweg Doppelstunden und werden ohne Unterbrechung gehalten. In den Übungsstunden erhalten die Hörer mehrere Aufgaben zur sofortigen Bearbeitung. Der Professor, unterstützt durch einen Assistenten, bewegt sich zwischen ihnen, um dem einzelnen bei der Lösung der Aufgabe behilflich zu sein. Hierdurch erkennt er, inwieweit die Hörer seinem Vortrag haben folgen können, und bildet sich ein so genaues Urteil über die Leistungen

1) Vgl. v. Scharfenort, Die Kgl. Preußische Kriegsakademie Berlin 1910, E. S. Mittler & Sohn, S. 289—290.

der einzelnen, daß die Anfertigung größerer schriftlicher Arbeiten und ihre Durchsicht zu Hause im allgemeinen überflüssig ist. Die Lösungen werden dann in der Regel zu Anfang der nächsten Doppelstunde erörtert.

## 5. Frühere Lehrer an der Kriegsakademie.

Unter den Lehrern, die an der Kriegsakademie gewirkt haben, sind als die bedeutendsten L. Dirichlet (1828–1855), K. Schellbach (1843–1885) und E. E. Kummer (1855–1874) zu nennen. Über Dirichlets Tätigkeit an der Allgemeinen Kriegsschule hat E. Lampe[1]), der Nachfolger Kummers an der Kriegsakademie, aus den Akten interessantes Material zusammengestellt, dem ich hier einige Mitteilungen entnehme.

Am 27. Juli 1828 übernimmt der außerordentliche Professor Dirichlet an der Universität Breslau auf Empfehlung A. v. Humboldts eine Lehrstelle für die Mathematik im dritten Zötus. Er erhält allerdings nicht sofort eine Stelle als selbständiger Lehrer, sondern tritt zunächst als Repetent für die Applikation des Prof. Poselger ein. Damit nämlich die Applikationsstunden für die Teilnehmer vorteilhafter ausgestaltet werden könnten, wurde jedem der mathematischen Professoren ein Assistent zugeteilt, dem die eine Hälfte der Zuhörer für die Übungsstunden überwiesen wurde, während der Professor selbst die andere Hälfte übernahm. So ist später neben Dirichlet der Premierleutnant v. Forstner längere Zeit mit der Abhaltung von Applikationsstunden betraut gewesen. Als Dirichlet an die Kriegsschule kam, fand er übrigens die Gebrüder Ohm vor: Martin Ohm als Lehrer der Mathematik (1826–1871), dem (1827–1834) sein jüngerer Bruder, der berühmte Physiker Georg Ohm, als Assistent beigegeben war.

Der erste von den regelmäßigen Vierteljahrsberichten, die jeder Lehrer zu jener Zeit einzureichen verpflichtet war, ist von Dirichlet am 26. Februar 1829 erstattet worden; der neue Lehrer meldet, daß er in der seiner Leitung anvertrauten Abteilung die Offiziere mit Aufgaben aus der Hydrostatik, der Hydraulik und der mathematischen Geographie beschäftigt habe. Aber schon im selben Jahr wird seine Stellung eine andere; ihm wird gegen Ende des Monats März ein allgemeines Repetitorium über den gesamten Umfang des bisherigen Vortrags der Mathematik übertragen. Mit dem 1. Oktober 1829 beginnt die regelmäßige Lehrtätigkeit Dirichlets an der Allgemeinen Kriegsschule.

Nach den Quartalsberichten Dirichlets umfaßte der Lehrgang in der Mathematik während des ersten Studienjahres die Algebra bis zu den Gleichungen vierten Grades, die elementare Theorie der Reihen, den ersten Teil der Stereometrie und die Elemente der darstellenden Geometrie. Der Unterricht des zweiten Jahres erstreckte sich auf die

1) Naturwissenschaftliche Rundschau 21, 38, S. 482–485, 1906.

Trigonometrie, die Lehre von den Kegelschnitten in analytischer und synthetischer Behandlung, den zweiten Teil der Stereometrie und die Anfänge der analytischen Geometrie des Raumes. Dem dritten Studienjahr fiel die Mechanik der festen und flüssigen Körper zu, sowie die mathematische Geographie. Außerdem wurde im dritten Jahr von einem besonderen Lehrer niedere Geodäsie vorgetragen.

Die Infinitesimalrechnung war als höhere Mathematik von der Allgemeinen Kriegsschule ausgeschlossen. Hierin Wandel geschaffen zu haben, ist ein Verdienst Dirichlets. In dem Quartalsberichte vom 21. Mai 1835 schreibt er: „In den Applikationsstunden habe ich, dem einstimmigen Wunsche der Herren Offiziere folgend, einen Teil der Zeit zu einer gedrängten Darstellung der Hauptlehren der höheren Analysis benutzt und behalte mir vor, im letzten Quartal deren Anwendung auf die Mechanik zu zeigen." Damit war der Weg geebnet für die Einführung der Differential- und Integralrechnung in die Allgemeine Kriegsschule; und es währte nicht mehr lange, so wurde der bis 1910 bestehende Lehrplan der Mathematik eingeführt. Erstes Jahr: Algebra (bis zu den Gleichungen vierten Grades), Reihentheorie, Wahrscheinlichkeitsrechnung, Stereometrie und sphärische Trigonometrie, analytische Geometrie. Zweites Jahr: Differential- und Integralrechnung. Drittes Jahr: Analytische Mechanik bis zur Rotation eines starren Körpers um einen festen Punkt.

Auf die Übungsstunden scheint Dirichlet keinen besonderen Wert gelegt zu haben. Wenigstens hat Schellbach einmal Lampe erzählt: Dirichlet habe in den Übungsstunden öfter Aufgaben bearbeiten lassen und dabei seine Zeitung gelesen. (Mitteilung von Lampe.)

Als Dirichlet 1843 seiner italienischen Reise wegen Urlaub nahm, wurde er durch Steiner und Jacobi vertreten. Doch hat Steiner keine Erfolge erzielt und den Unterricht bald aufgegeben. Jacobi hat einen tieferen Eindruck hinterlassen, aber für die Offiziere zu schnell vorgetragen[1]).

1855 wurde Dirichlet auf den durch Gauß' Tod verwaisten Göttinger Lehrstuhl berufen; es folgte ihm Kummer, der gleichzeitig an der Universität Dirichlets Nachfolger wurde.

Ebenso wie Dirichlet hat sich Kummer als der ausgezeichnete Lehrer bewährt, als den ihn die Studenten der Universität immer bewundert haben. Er war ein Meister in der Kunst, seine Zuhörer in den Tempel mathematischer Wahrheiten einzuführen. „Was Kummer in seinen Vorlesungen in hohem Grade auszeichnete, war seine Klarheit, seine Ruhe beim Vortrage, die durchsichtige Disposition und auch die angeregte Art seines Sprechens; man hatte immer den Eindruck, als freue er sich, seinen Zuhörern diese Dinge vortragen zu können, und dies war auch wirklich der Fall; hat er es doch selbst ausgesprochen, daß

1) Vgl. E. Lampe, Naturw. Rdsch. **21**, 38, S. 484.

nach der Erkenntnis einer neuen Wahrheit sein größter Genuß darin bestanden hätte, eine solche empfänglichen Menschen darzulegen."[1])

Im Zötus I (5 Vortragsstunden und zweimal zwei Übungsstunden) begann Kummer mit einer Übersicht über das ganze Gebiet der Elementarmathematik, woran sich ein geschichtlicher Abriß des Entwicklungsganges anschloß. Dabei behandelte er die einzelnen Fächer, mit der Arithmetik beginnend, abweichend von der Methode, in der sie auf dem Gymnasium vorgetragen werden, um das Interesse der Offiziere zu beleben, und traf unter den verschiedenen Kapiteln eine Auswahl des minder Alltäglichen. An den fünf Vortragsstunden nahmen alle Hörer einer Klasse teil, an jedem Paar der Übungsstunden nur je die Hälfte der Klasse, so daß also auf jeden Hörer 5 Vortrags- und zwei Übungsstunden entfielen. Von den 6 Stunden in den Jahrgängen II und III wurden vier zu Vorträgen und zwei zu Übungen bestimmt.

Als Lampe seinen Vorgänger Kummer bei Übernahme des Lehrauftrags an der K. A. um Auskunft bat, wie er es mit den Übungen gehalten hätte, erwiderte Kummer, das habe er ganz seinen Zuhörern überlassen. Er habe immer gefragt, wer von ihnen eine Aufgabe, die er sich selbst gestellt, an der Tafel vortragen wolle, und es hätten sich stets solche Zuhörer gefunden, die mit hingehörigen Aufgaben gekommen wären.

Kummer erfüllte seine Verpflichtungen in so ausgezeichneter Weise, daß der Direktor der Kriegsakademie durch Verwendung beim Kriegsminister eine Pension aus dem Dispositionsfonds des Ministers erwirken wollte, obwohl diese Stelle nicht pensionsberechtigt war. „Es ist charakteristisch für Kummers Denkart, daß er bat, von einem solchen Schritte Abstand zu nehmen: Er habe diese Stelle stets als eine solche angesehen, die infolge von unberechenbaren Zufällen plötzlich aufgegeben werden könnte und habe deshalb das Honorar nie in seinen Etat mit aufgenommen. Die Zinsen der so entstandenen Erparnisse seien nun gerade so hoch geworden wie die bisherigen Einnahmen an der Kriegsakademie."[2])

Seit dem Jahre 1843 lehrte Schellbach an der Kgl. allgemeinen Kriegsschule. Er hielt weder reine Vortragsstunden, noch reine Übungsstunden, sondern verwendete die Methode, die er auch im Schulunterricht benutzte. Er stellte Aufgaben, forderte die zur Lösung bereiten Hörer auf, mit der Lösung zu beginnen, die nun vom Platze aus entwickelt wurde, während alle Hörer nachschreiben mußten, und unter seiner Leitung entstand nach solcher heuristischen Methode in Rede und Gegenrede allmählich jeder Satz des Lehrgebäudes.

---

1) Vgl. K. Hensel, Festschrift zur Feier des 100. Geburtstages Ernst Eduard Kummers, Leipzig 1910, B. G. Teubner, S. 15.

2) Vgl. E. Lampe, Jahresber. Deutsche Math. Vereinigg. 3, 19.

## 6. Die Kaiserliche Marineakademie in Kiel.

Sie wird von jungen Kapitänleutnants besucht, die sich freiwillig melden, deren Aufnahme aber von dem Erfolg einer schriftlichen Prüfung abhängt. Die mathematische Hauptvorlesung „Höhere Mathematik" wird von L. Pochhammer, zugleich ordentlichem Professor an der Kieler Universität, gehalten. Sie umfaßt zwei Zöten, deren jeder neun Monate dauert, und zählt wöchentlich zwei Stunden.

Im ersten Zötus sind zunächst die einleitenden mathematischen Entwicklungen vorzutragen, die für das Gebiet der Differentialrechnung unentbehrlich sind. Hier sind zu nennen: Der binomische Satz, die Ableitung der Zahl $e$ und die Definition der natürlichen Logarithmen, die Reihe für die Exponentialfunktion $e^x$, die Einteilung und die geometrische Darstellung der Funktionen und einige Sätze über unendliche Reihen.

Den Hauptteil dieser Vorträge bilden die Formeln und Sätze der Differentialrechung. Es sind die vollständigen Formeln für die Differentiale der Potenzen, Logarithmen, der Exponentialfunktion, der trigonometrischen und Arcusfunktionen, sowie die Sätze über die Differentiale der Produkte und Quotienten usw. abzuleiten. Hieran schließen sich Übungsbeispiele in großer Zahl, bis die Zuhörer eine gewisse Sicherheit im Differenzieren der Funktionen gewonnen haben.

Als Anwendung der Differentialrechnung wird außer einigen geometrischen Entwicklungen zunächst die Theorie der Maxima und Minima, ferner der Mac-Laurinsche und der Taylorsche Satz, die Ableitung der Reihen für $\sin x$, $\cos x$, $\log(1+x)$ usw. und die Benutzung dieser Reihen für die Korrektionsrechnung durchgenommen. Sodann folgen die Anwendungen auf die Lehre von der Bewegung, die Definitionen von Geschwindigkeit und Beschleunigung, der Ausdruck für die Arbeit, die Grundgleichungen für die Dynamik und einige einfache Anwendungen dieser Gleichungen (Wurfparabel, Zentrifugalkraft).

Den Schluß bilden die wichtigsten Sätze über die Kräftepaare, die Vereinigung der Kräfte am starren System, die Trennung von fortschreitender Bewegung und Drehung, die Gleichgewichtsbedingungen und die Anwendung der Sätze auf die Theorie des Steuerruders und des Metazentrums.

Den Gegenstand der Vorträge in Zötus II bildet die Integralrechnung mit ihren zahlreichen Anwendungen.

Zunächst sind einige Wochen für die Wiederholung und Erweiterung der Differentialformeln zu verwenden. Es folgt die Definition des Integrals als Umkehrung des Differentials und die Herleitung der ersten Integralformeln. Die Definition des bestimmten Integrals als einer Summe führt zur Berechnung von ebenen Flächen, von Körpervolumen, von Schwerpunkten und Trägheitsmomenten und von anderen in der Geometrie und Mechanik vorkommenden Größen. Hieran schließen sich die Integrationsmethoden durch Substitutionen und durch teilweise Integration, sowie angenäherte Berechnung bestimmter Integrale.

Unter Benutzung des Integralbegriffs werden sodann einige grundlegenden Sätze der Bewegungslehre abgeleitet, namentlich das Prinzip der Energie, woraus der erste Hauptsatz der mechanischen Wärmetheorie hervorgeht. Als Beispiele für die Berechnung von Arbeitsgrößen dienen die Arbeitsleistung im Dampfzylinder und die Arbeitsleistung des elektrischen Stroms. Hieran schließen sich einige andere Anwendungen auf die Physik.

Es folgen Anwendungen auf die Festigkeitslehre, wobei nach Einführung der Zug- und Druckkräfte in den einfachsten Fällen Widerstände, Torsionsmomente sowie Biegungsmomente usw. berechnet werden.

Endlich wird auf die theoretische Ableitung der Flugbahn der Geschosse mit Berücksichtigung des Luftwiderstandes und auf die Berechnung der Schußtafeln eingegangen.

Es ist also im großen und ganzen ein Kolleg über höhere Mathematik mit Anwendungen auf Mechanik und Physik, das als durchaus angemessen für den vorliegenden Zweck bezeichnet werden kann. Für die Übungen sind nicht besondere Stunden angesetzt; sie scheinen in die Vorlesungen selber hineinverlegt zu sein.

Neben diesem Hauptkolleg wird noch über analytische Geometrie und nautische Astronomie gelesen, in wöchentlich je zwei Stunden, doch sind diese Vorlesungen nicht obligatorisch.

Neben der Marine-Akademie in Kiel existieren noch die Ingenieur- und Deckoffizierschule in Wilhelmshaven und für die Fähnriche z. See die Marineschule in Flensburg, die aber für diesen Bericht nicht in Betracht kommen, da sie nicht als Hochschulen anzusehen sind.

### 7. Die Königlich Bayrische Kriegsakademie in München.

Sie zeigt rein äußerlich eine ähnliche Einrichtung wie die preußische. Doch weicht ihre Lehrordnung[1]) (1. Oktober 1909) von der preußischen (1. Oktober 1910) nicht unerheblich ab. Insbesondere in der Mathematik umfaßt der Vortrag auf jeder der drei Lehrstufen noch heute wöchentlich drei Stunden.

Der Vortrag auf der ersten Lehrstufe hat die Stereometrie und sphärische Trigonometrie, die Kombinationslehre, die niedere Analysis, die Theorie der Gleichungen und endlich die analytische Geometrie der Linien ersten und zweiten Grades zu umfassen, unter Beschränkung auf die grundlegenden Sätze.

Der Vortrag auf der zweiten Lehrstufe behandelt außer einer Darlegung der analytischen Geometrie des Raumes vornehmlich die Diffe-

1) Kriegsakademieordnung. München 1909.

rential- und Integralrechnung; dabei ist ein Hauptaugenmerk auf die Anwendungen zu richten. Wünschenswert ist es, daß auch die Lehre von den Differentialgleichungen, die bestimmten Integrale, die allgemeinen Integrationsmethoden, die Theorie der krummen Oberflächen, die Funktionen mit mehreren Veränderlichen nach Maßgabe der vorhandenen Zeit erörtert werden.

Auf der dritten Lehrstufe sind die Lücken auszufüllen, die in dem etwas reich bemessenen Inhalt des vorerwähnten Vortrags geblieben sein sollten; die dann noch erübrigte Zeit ist zur Einführung in die analytische Mechanik zu benutzen.

### 8. Vergleich der bayrischen mit der preußischen Kriegsakademie.

Während der mathematische Unterricht an der bayrischen K. A. in allen drei Studienjahren wöchentlich je drei Stunden umfaßt, werden ihm an der preußischen K. A. in den beiden ersten Studienjahren sechs bzw. vier Stunden eingeräumt, also da diese Stunden zu Doppelstunden zusammengefaßt werden, erheblich mehr an Zeit als an der bayrischen K. A. Wenn trotzdem die mathematische Ausbildung der Offiziere an beiden Akademien ungefähr dem gleichen Niveau entsprechen dürfte, so liegt dies daran, daß die Zahl der Hörer in München stets sehr klein (etwa 1 bis 2) ist, da Mathematik Wahlfach ist und Absolventen der bayrischen Kriegsakademie nicht wie in Preußen zum Topographischen oder Trigonometrischen Bureau des Generalstabs (Landesaufnahme) kommandiert werden. Infolgedessen melden sich nur solche Hörer, die für Mathematik ein ganz besonderes Interesse hegen; und diesen wenigen kann natürlich ein schnelleres Tempo im mathematischen Unterricht zugemutet werden.

Übrigens hat man es absichtlich unterlassen, in dem neuen Lehrplan der preußischen wie der bayrischen Kriegsakademie die einzelnen Gebiete näher zu bezeichnen, weil dies in dem knappen Rahmen der Lehrordnung nicht gut angängig war, und auch weil man gegenüber den Ansprüchen der Militärbehörden dem Lehrer freie Hand verschaffen wollte.

Älteren Datums als die bayrische Kriegsakademie ist

### 9. Die königlich bayrische Artillerie- und Ingenieurschule in München,

die, 1857 ins Leben gerufen, ihren Namen seit 1872 führt. Sie zeigt eine Einrichtung ähnlich der früheren preußischen Artillerie- und Ingenieurschule, die in der Militärtechnischen Akademie aufgegangen ist. Die jährlich zum Besuch der Anstalt kommandierten Offiziere bilden drei Abteilungen: Feld-, Fußartillerie und Ingenieure. Die Lehrgänge dauern für Offiziere der Feldartillerie 9 Monate = 2 Unterrichtsabschnitte, der Fußartillerie 15 Monate = 3 Unterrichtsabschnitte und der Ingenieure 21 Monate = 4 Unterrichtsabschnitte. Nach der Lehrordnung von 1902 ist die Verteilung der mathematischen Stunden wie folgt:

| Lehrplan 1902 | | Feldartillerie | | Fußartillerie | | | Ingenieure | | | |
|---|---|---|---|---|---|---|---|---|---|---|
| | | I | II | I | II | III | I | II | III | IV |
| Mathematik und Mechanik | niedere | 6 | 4 | 6 | 4 | – | 6 | 4 | – | – |
| | höhere | – | – | – | 2 | 6 | – | 2 | 6 | 6 |
| Darstellende Geometrie . . . . . . . | | – | – | – | – | – | 2 | 2 | 2 | – |

Die Anstalt ist in einer Reorganisation begriffen; die genannte Lehrordnung soll in mehrfachen Punkten eine Abänderung erfahren, die sich in der Richtung einer weiteren Verminderung der mathematischen Stunden bewegen wird. Eine solche Tendenz ist an der bayrischen Ingenieur- und Artillerieschule schon seit vielen Jahren nachweisbar. Wenigstens sind bei der Feld- und Fußartillerie die Anforderungen in Mathematik, welche obligatorisch und Prüfungsfach ist, beständig zurückgegangen.

Bis 1883 ungefähr hatten noch alle Hörer der Anstalt sechs Stunden Mathematik zwei Jahre lang und 5 Stunden Darstellende Geometrie ein Jahr lang. Dann wurde das Kommando für die Feldartillerie zunächst auf $1\frac{1}{2}$, später (1902) auf ein Jahr (genauer 9 Monate) Unterricht auf der Schule (und einen Monat Schießkurs auf dem Lechfelde) herabgesetzt. Für die Fußartillerie dauerte das Kommando immer $1\frac{1}{2}$ Jahr. Die neue Lehrordnung von 1910 setzt auch für sie nur 9 Monate (plus 1 Monat Schießkurs) fest.

Bisher hatte die Fußartillerie im zweiten und dritten Lehrgang Differential- und Integralrechnung und zwar im zweiten 2, im dritten 6 Stunden wöchentlich. Jetzt ist die Infinitesimalrechnung in Wegfall gekommen, die Fußartillerie hat gemeinschaftlich mit der Feldartillerie wöchentlich nur 4 Stunden Mathematik und Mechanik.

Bei den Ingenieuren hat stets eine zweijährige Ausbildungszeit bestanden. Die Darstellende Geometrie war 1883 auch für sie abgeschafft und durch Projektionszeichnen ersetzt worden. 1902 hat man sie aber wieder eingeführt mit zwei Stunden durch drei Unterrichtsabschnitte. In der neuesten Lehrordnung sind zwei Stunden während zweier Unterrichtsabschnitte dafür angesetzt. Auch wurde die Zahl der mathematischen Stunden auf fünf während vier Unterrichtsabschnitten reduziert, sodaß sich nach der Lehrordnung von 1910 die obengenannte Tafel wie folgt abändert:

| Lehrordnung 1910 | Artillerieabteilung Feldartillerie | | Artillerieabteilung Fußartillerie | | Ingenieurabteilung | | | |
|---|---|---|---|---|---|---|---|---|
| | I | II | I | II | I | II | III | IV |
| Mathematik einschließlich Mechanik | 4 | 4 | 4 | 4 | 5 | 5 | 5 | 5 |
| Darstellende Geometrie . . . . . . . | – | – | – | – | 2 | 2 | – | – |

Der Stoff in Mathematik und Mechanik verteilt sich auf die vier Unterrichtsstufen in folgender Weise:

I.–II. Mathematik: Algebra und die unentbehrlichen Lehren der niederen Analysis; die Hauptlehren der Planimetrie; Trigonometrie und Stereometrie; Koordinatentheorie. – Mechanik: Statik mit Berücksichtigung der Reibung, Elemente der Dynamik.

III.–IV. Mathematik: Elemente der Differential- und Integralrechnung. – Mechanik: Dynamik, behandelt mit den Hilfsmitteln der Infinitesimalrechnung. Ausgewählte Kapitel der Festigkeitslehre, der Hydro- und Aeromechanik.

Darstellende Geometrie: Die grade, schräge und axonometrische Projektion des Punktes, der Graden, Ebene und einfachen geometrischen Körper, Schnitte solcher mit Ebenen und Graden; Übungen in der Darstellung einfacher Körper nach Modellen. Grundlagen der Perspektive.

Die Anwendungen und Beispiele der mathematischen Vorträge sollen möglichst den Gebieten der Physik, Ingenieurtechnik und Ballistik entnommen werden, wobei für numerische Rechnungen auch der Rechenschieber herangezogen wird.

### 10. Vergleich der Hochschulen der bayrischen Militärverwaltung untereinander und mit der preußischen Militärtechnischen Akademie.

Vergleichen wir den mathematischen Unterricht an der Artillerie- und Ingenieurschule mit dem entsprechenden an der bayrischen Kriegsakademie, der übrigens an beiden Anstalten von einem und demselben Professor, P. Vogel, erteilt wird, so läßt sich ohne Frage behaupten, daß der Unterricht an der Kriegsakademie auf einem höheren Niveau steht, einmal, weil hier, wie schon gesagt, nur solche Offiziere hören, die Befähigung und Interesse dafür haben, während auf der Artillerie- und Ingenieurschule alle Offiziere teilnehmen müssen, zweitens weil die Artillerieoffiziere- auf der Artillerie- und Ingenieurschule nur niedere Mathematik zu hören bekommen.

Es ist auch lehrreich, die bayrische Artillerie- und Ingenieurschule – natürlich nur mit ihrer Ingenieurabteilung – in Parallele zu setzen mit der preußischen Militärtechnischen Akademie. Die Neuorganisation der Ingenieurabteilung an der Artillerie- und Ingenieurschule bezweckt, die Hörer besonders in der Richtung als Offiziere der Verkehrstruppen auszubilden, sodaß man sagen kann, der Besuch der bayrischen Artillerie- und Ingenieurschule gibt dasselbe wie der Besuch der Kurse J. I, J. II und V. I, V. II der Militärtechnischen Akademie in Berlin.

Übrigens werden jährlich einige bayrische Offiziere zur Militärtechnischen Akademie nach Berlin kommandiert, und zwar nach den neuesten Bestimmungen des bayrischen Kriegsministeriums

a) Infanterieoffiziere, die für die Verwendung bei der Kgl. bayrischen Militärschießschule und bei der Kgl. preußischen Gewehr-Prüfungskommission in Betracht kommen;

b) Artillerieoffiziere, die später im Lehrfach oder im Referatsdienste ihrer Waffe verwendet werden sollen;

c) besonders auszuwählende Offiziere des Ingenieurkorps;

d) ausnahmsweise auch Offiziere, die zur Ausbildung in der Technik kommandiert sind.

Der Besuch der preußischen Mt. Akademie von seiten bayrischer Offiziere ist im allgemeinen auf zwei Jahre begrenzt. Infanterie- und Artillerieoffiziere, einschließlich jener der Technik schließen in der Regel mit W. II ab, in Ausnahmefällen können jedoch Offiziere mit ungewöhnlicher technischer Begabung anschließend auch zu W. III und W. IV kommandiert werden. Ingenieuroffiziere besuchen gewöhnlich J. III und J. IV oder V. III und V. IV. Die Gesamtzahl der gleichzeitig die Akademie besuchenden bayrischen Offiziere beträgt sechs. Bayrischen Offizieren, die die Akademie mit gutem Erfolg besucht haben und sich auch später in besonderen Verwendungen (Lehrfach, Referatsdienst) hervorragend bewährt haben, können beim Vorrücken zum Stabsoffizier Beförderungsvorteile zuteil werden.

## 11. Vergleich der preußischen Militärtechnischen Akademie mit der österreichischen Technischen Militärakademie.

Die Technische Militärakademie in Mödling bildet Offiziere für die Artillerie und für die technischen Truppen (Pioniere und Verkehrstruppen) heran; auch hier beträgt die Studienzeit drei Jahre. Die Aufnahme erfolgt nach absolvierter Mittelschule; und die Akademiker werden nach dem dritten Jahr als Leutnants zur Truppe eingereiht.

Mathematik wird für die Artillerieabteilung im ersten und zweiten Jahrgang, für die technische Abteilung nur im ersten Jahrgang vorgetragen und zwar in beiden Abteilungen in gleichem Umfange. Die Zahl der wöchentlichen Unterrichtsstunden in höherer Mathematik beträgt nämlich für die Artilleristen im ersten Jahrgang 3, im zweiten Jahrgang 2 Stunden, für die Genieabteilung dagegen, die nur einen Jahrgang zu absolvieren haben, 5 Stunden. Darstellende Geometrie wird nur im ersten Jahrgang vorgetragen und zählt 3 Stunden wöchentlich. Hinzukommen für die Artillerieabteilung und Pioniere praktische Geometrie mit $2\frac{1}{2}$ Stunden im ersten Jahrgang, Mechanik und Physik mit $6\frac{1}{2}$ Stunden im dritten, für die Pioniere im zweiten Jahrgang. Über Ballistik wird keine besondere Vorlesung gehalten. Von einem ballistischen Laboratorium kann ebenfalls keine Rede sein.

Die Stundenverteilung ergibt die Tabelle auf folgender Seite.

Schon diese Zahlen lassen erkennen — was der „Lehrplan der k. und k. Militärakademien“ bestätigt — daß die mathematischen Anforderungen an der Technischen Militärakademie in Mödling keinesfalls so hoch gestellt sind wie an der preußischen Militärtechnischen Akademie. Und es hat den Anschein, als ob überhaupt einer gründlichen mathematischen Ausbildung von seiten der maßgebenden Stellen der österreichischen Militärverwaltungen kein allzugroßes Interesse entgegengebracht wird.

| | | Jahrgang I | II | III |
|---|---|---|---|---|
| Artillerieabteilung | Höhere Mathematik | 3 | 2 | 0 |
| | Darstellende Geometrie | 3 | 0 | 0 |
| | Praktische Geometrie | $2\frac{1}{2}$ | 0 | 0 |
| | Mechanik und Physik | 0 | 0 | $6\frac{1}{2}$ |
| Genieabteilung | Höhere Mathematik | 5 | 0 | 0 |
| | Darstellende Geometrie | 3 | 0 | 0 |
| | Praktische Geometrie | $2\frac{1}{2}$ | 0 | 0 |
| | Mechanik und Physik | 0 | $6\frac{1}{2}$ | 0 |

## 12. Schlußwort.

Aus den vorstehenden Darlegungen läßt sich ein Urteil gewinnen über die Bedeutung, welche die Deutschen Militärverwaltungen einer zeitgemäßen mathematischen Ausbildung ihrer Offiziere beilegen. Während an den Technischen Hochschulen noch bis in die achtziger Jahre hinein der abstrakt mathematische Betrieb vorherrschte, ist an der preußischen Kriegsakademie, wo die abstrakte Richtung durch Dirichlet vertreten war, frühzeitig eine moderne Auffassung zur Geltung gekommen, eine Auffassung, die in der Mathematik ein Mittel zur Beherrschung der Natur erblickt und demgemäß die Anwendungen auf Physik und Technik in den Mittelpunkt der Vorlesungen rückt.

Andrerseits läßt sich nicht leugnen, daß, wenn wir von der Militärtechnischen Akademie absehen, im großen und ganzen ein Rückgang in der mathematischen Ausbildung unserer Offiziere an den übrigen Militär-Hochschulen zu verzeichnen ist. An der genannten Akademie aber sind großartige Einrichtungen getroffen, um die Ergebnisse mathematischer Forschung für die Fortschritte der Militärtechnik, insbesondere der Ballistik nutzbar zu machen und eine enge Verbindung zwischen Forschung und Anwendung herzustellen.

# III. Die Forstakademien.

## 1. Allgemeines.

Es gibt in Preußen zwei Forstakademien, eine in Eberswalde seit 1820, die andere in Münden-Hannover seit 1868, im Königreich Sachsen eine in Tharandt seit 1816, im Großherzogtum Sachsen eine in Eisenach seit 1850, und in Baden eine Forstabteilung an der Technischen Hochschule Karlsruhe seit 1832. Die bayrische Forstakademie Aschaffenburg ist 1910 aufgelöst worden und in der staatswissenschaftlichen Fakultät der Universität München aufgegangen.

Für die Zulassung als Studierender einer Forstakademie ist das Maturum notwendig; in Preußen außerdem unbedingt genügende Zensur in Mathematik; in Eisenach ist das Maturum nur für die Staatsdienstanwärter vorgeschrieben.

In allen Forstakademien werden Vorlesungen über Vermessungskunde und über Forstmathematik (d. i. Holzmesskunde, Waldwertrechnung und Rentabilitätsrechnung (forstliche Statik)) gehalten. Über reine und höhere Mathematik wird nur an den nichtpreußischen Forstinstituten Karlsruhe, München und Tharandt gelesen, wo die mathematischen Ziele für die Forstleute verhältnismäßig weit gesteckt sind. Im einzelnen stellen sich die Studienpläne wie folgt.

## 2. Die Forstakademien Eberswalde und Münden-Hannover.

Seit Oktober 1908 ist die vorgeschriebene akademische Studienzeit auf drei Jahre verlängert. Ihr muß eine siebenmonatige Lehrzeit auf einer Oberförsterei vorangehen. Die ersten drei Semester sind in der Hauptsache den Naturwissenschaften gewidmet und schließen mit einer Vorprüfung in diesen Fächern ab, zu denen auch Geodäsie gehört. Nach drei weiteren Semestern, die auf die eigentliche Forstwissenschaft verwandt werden, findet für die Forstbeflissenen die Referendarprüfung statt, die sich auch auf Holzmesskunde und Waldwertrechnung erstreckt.

Die Aufnahme in die Forstakademie findet sowohl für das Sommer- wie für das Wintersemester statt. Die Stundenverteilung ergibt sich aus folgender Zusammenstellung:

| Sommerbeginn | | (I) | (II) | (III) | (IV) | (V) |
|---|---|---|---|---|---|---|
| Winterbeginn | I Winter | II Sommer | III Winter | IV Sommer | Winter | Sommer |
| Geodäsie u. Planzeichnen mit Übungen u. Prüfungsaufnahme . . . . . . . . . | | 4 + 3 | | | | |
| Geodätische Aufgaben . | | | 1 | | | |
| Holzmesskunde . . . . . . | | | 1 | | (1) | |
| Waldwertrechnung . . . . | | | | 3 | | (3) |

Von rein mathematischen Vorlesungen kann also auf den preußischen Forstakademien keine Rede sein. Im Zusammenhange mit der Forsteinrichtung und Forstabschätzung wird die Mathematik, nur soweit sie nötig ist, von den forstlichen Dozenten vorgetragen. In der Geodäsie gelangen die notwendigsten mathematischen Hilfsmittel zur Besprechung. Dabei handelt es sich um Lage- und Höhenmessung, um Wegeabsteckung und um die Rechnungsmethoden der niederen Geodäsie: die Ausgleichungsrechnung muß sich auf die Anwendung einfacher Regeln beschränken. Weiter wird betrieben Planzeichnen und Lesen der von der preußischen Landesaufnahme herausgegebenen Meßtischblätter.

In Eberswalde liest ein Professor, J. Schubert, über Geodäsie, Physik und Meteorologie. Dieser hat außerdem die meteorologische Abteilung des forstlichen Versuchswesens zu leiten und verfügt über keinen Assistenten. Endlich werden dort zu freiwilliger Benutzung für die Studierenden auch mathematische Vorlesungen und Übungen gehalten, deren Umfang nach den Bedürfnissen des Forstfaches geregelt wird. Ähnlich ist es in Münden, doch liest hier der etatsmäßige Professor A. Baule, nur über Geodäsie und Kartenzeichnen und überläßt Physik und Meteorologie einem anderen Dozenten. Unter diesen Umständen kann natürlich von einer Prüfung in Mathematik nicht die Rede sein. Vor der Hand ist keine Aussicht vorhanden, daß eine stärkere Berücksichtigung der Mathematik eintritt.

### 3. Die Forstakademie Tharandt.

Auch hier beträgt die vorgeschriebene akademische Studienzeit drei Jahre. Doch wird keine praktische Lehrzeit vor Beginn des Studiums verlangt. Andererseits findet Aufnahme nur für das Sommersemester statt. Für die Anstellung im höheren Staatsforstdienst wird in Sachsen verlangt, daß vor dem Besuch der Akademie mindestens zwei Semester auf einer Universität dem Studium von volkswirtschaftlichen und juristischen Fächern und daneben auch dem Studium der Mathematik gewidmet werden.

Bis Ostern 1911 war in Tharandt der folgende Lehrplan in Geltung:

| Lehrplan bis 1911 | I. | | II. | |
|---|---|---|---|---|
| | Sommer | Winter | Sommer | Winter |
| Infinitesimalrechnung mit Übungen . . . | 4 | 4 | | |
| Mechanik . . . . . . . . . . . . . . . . . . . . | | | 3 | |
| Mathematisches Repetitorium (freiwillig)[1] | | 2 | | |
| Vermessungskunde . . . . . . . . . . . . . | | | 4 | |
| Forstmathematik . . . . . . . . . . . . . . . | | | | 4 |
| Planzeichnen . . . . . . . . . . . . . . . . . | 2 | 4 | 2 | 4 |

In diese Vorlesungen hatten sich ein Mathematiker, Ph. Weinmeister, und ein Forstmann, M. Kunze, geteilt. Der eine las über höhere Mathematik, Mechanik und außerdem über Meteorologie und Experimentalphysik; der andere über Vermessungskunde, über Forstmathematik und über Planzeichen.

Mit dem Tode Weinmeisters ist die mathematische Professur eingezogen worden, die mathematischen Vorlesungen werden von dem Geodäten mit übernommen, und die Stundenzahl der Vorlesung über Infinitesimalrechnung ist herabgesetzt. Doch soll der Umfang der Vorlesung dabei nicht verringert werden, sondern nur die Zahl der Übungsstunden, die der verstorbene Weinmeister allzu reichlich ausgedehnt zu haben scheint. Immerhin kann ich nicht unterlassen, auf die Gefahr hinzuweisen, daß die mathematischen Anforderungen der Tharandter Forstakademie durch diese Neuordnung sich im Laufe der Zeit mehr und mehr der Anspruchslosigkeit an den preußischen Schwesteranstalten nähern könnten, wenn auch jene den zweisemestrigen Universitätsbesuch vor diesen voraus hat.

### 4. Die staatswissenschaftliche Abteilung der Universität München.

Das Forststudium in Bayern ist vierjährig. Bis zum 15. Oktober 1910 bestand die forstliche Hochschule Aschaffenburg. Die vier ersten Semester entfielen auf Aschaffenburg, wo die naturwissenschaftlichen Fächer gelehrt wurden. Die vier letzten Semester hatte der Aspirant des bayerischen Staatsforstverwaltungsdienstes an der Universität München, staatswissenschaftliche Fakultät, zuzubringen, wo die forstlichen Spezialfächer zu hören waren.

Seit dem Herbst 1910 ist die gesamte Ausbildung der Forststudierenden der staatswissenschaftlichen Abteilung an der Universität München übertragen worden. Diese Neuordnung hat eine Einschränkung der naturwissenschaftlichen Fächer, insbesondere der Mathematik, veranlaßt. In der Tat ist es ja überraschend zu lesen, einen wie großen

1) für die Immaturi.

Teil ihrer Studienzeit die Studierenden an der Forstlichen Hochschule Aschaffenburg der Mathematik zu widmen hatten.

| Lehrplan bis Herst 1910 | I. | | II. | |
|---|---|---|---|---|
| | Winter | Sommer | Winter | Sommer |
| Polygonometrie mit Rücksicht auf Vermessungslehre; Kegelschnitte. . . . . . . | 4 | | | |
| Grundzüge der höheren Analysis (d. h. Differentialrechnung) . . . . . . . . . . . . | | 4 | | |
| Grundzüge der darstellenden Geometrie; Volumenberechnung (d. h. Integralrechnung) in besonderer Anwendung auf Holzmeßkunde und Wegbau . . . . . . . . . . | | | 5 | |
| Politische Arithmetik mit besonderer Berücksichtigung der Waldwertrechnung und forstlichen Statik. . . . . . . . . . . . | | | | 2 |
| Vermessungskunde . . . . . . . . . . . . . | | | 3 | |
| Geodätische Übungen . . . . . . . . . . . | | | | 3 |

Und vor 1898 waren der Mathematik sogar je 6 Wochenstunden in den vier ersten Semestern eingeräumt, wobei am Schluß jeden Studienjahres noch eine Prüfung abzulegen war! Das war also mehr als etwa an der Technischen Hochschule Charlottenburg oder an der Bergakademie Berlin für den mathematischen Unterricht zugestanden ist.

Der Studienplan für die Studierenden der Forstwissenschaft an der Universität München setzt für das dritte Semester ein vierstündiges Sommerkolleg an: „Elemente der höheren Mathematik mit den Grundzügen der darstellenden Geometrie", das einem Mathematiker, H. Brunn, übertragen ist. Hierin wird auch beim Zwischenexamen — das nach dem vierten Semester abgenommen werden kann — geprüft. „Massen- und Zuwachsermittlungslehre" ist für das fünfte, Geodäsie (vierstündig im Sommer) für das sechste, und Waldwertrechnung mit forstlicher Statik für das siebente Semester angesetzt.

## 5. Die Abteilung für Forstwissenschaft an der Technischen Hochschule Karlsruhe.

Sie ist aus der 1832 gegründeten Forstschule hervorgegangen, die unter Klauprechts Führung 1834—1867 schnell emporblühte. Seit 1906 ist die Studiendauer auf acht Semester festgesetzt. Die Vorprüfung findet nach vier, die Hauptprüfung nach acht Semestern statt. Im Jahre 1906 war angeregt worden, man solle, nach dem Muster der anderen Forstinstitute, besonders in Preußen, die Mathematik abschaffen. Dieser Antrag ist aber von der Abteilung abgelehnt worden.

Der gegenwärtige Studienplan, soweit Mathematik in Frage kommt, ist der folgende:

| | I | II | III | IV | V | VI | VII | VIII |
|---|---|---|---|---|---|---|---|---|
| Grundzüge der höheren Mathematik . . . . . . . . | | 4 + 2 | | | | | | |
| Projektionslehre . . . . . . | | 2 + 4 | | | | | | |
| Elemente der Mechanik . | | | 3 | | | | | |
| Plan- und Terrainzeichnen | 2 | 2 | | | | | | |
| Praktische Geometrie . . | | | 3 + 2 | | | | | |
| Geodätisches Praktikum . | | | | 2 | | | | |
| Holzmeßkunde . . . . . . . | | | | | 2 + 1 | | | |
| Waldwertrechnung . . . . | | | | | | | 2 | |
| Forstliche Statik . . . . . | | | | | | | | 1 |

Das Sommerkolleg: Grundzüge der höheren Mathematik, bietet eine Einführung in die Differential- und Integralrechnung, sowie in die analytische Geometrie. Diese Vorlesung wird abwechselnd von den beiden Ordinarien der Mathematik gehalten. Sie ist auch für die Architekten, Chemiker und Geodäten (Feldmesser) bestimmt. Im selben Semester wird noch zweistündig Projektionslehre gelesen, wofür ebenfalls ein Mathematiker Lehrauftrag hat. Auch die dreistündige Vorlesung über elementare Mechanik liegt in den Händen eines Mathematikers; diese wird noch von den Architekten gehört.

Die Zeichnungen aus der Projektionslehre sind bei der Vorprüfung einzureichen, die aus einer Klausur (vierstündig) und einer mündlichen Prüfung besteht. Für die Klausur werden etwa sechs leichtere Aufgaben aus der elementaren Mathematik, der Differential- und Integralrechnung und der analytischen Geometrie gestellt. Bei der mündlichen Prüfung soll auch festgestellt werden, ob der Kandidat noch in der elementaren Mathematik Bescheid weiß. Die letztgenannte Bestimmung dürfte allerdings bei ihrer Ausführung besondere Vorsicht erfordern.

Die geodätischen Vorlesungen werden von Geodäten, die Waldwertrechnung, Holzmeßkunde und forstliche Statik von Forstleuten gelesen.

### 6. Die Forstakademie Eisenach.

Die Großherzoglich sächsische Regierung hat vor kurzem die Aufhebung der Akademie beim Landtag beantragt. Der Antrag ist aber abgelehnt worden.

Die Studienzeit ist auf zwei Jahre bemessen. Im ersten Jahreskursus werden Vorlesungen über Trigonometrie, Stereometrie und analytische Geometrie gehalten, und zwar im Wintersemester zwei Stunden Stereometrie und eine Stunde Anfangsgründe der analytischen Geometrie, im Sommersemester zwei Stunden Trigonometrie und Polygonometrie und eine Stunde mathematische Übungen und Repetitionen. Diese Vorlesungen werden im Nebenamte von einem Oberlehrer gehalten. Der zweite Jahreskursus bringt Vorlesungen über Holzmeßkunde und Waldwertrechnung mit Statik. Zu Ende eines jeden Jahreskursus haben sich die Studierenden einer schriftlichen und mündlichen Fortschrittsprüfung zu unterziehen. Für die schriftliche Früfung in Mathematik werden je zwei Aufgaben aus der Stereometrie, Trigonometrie und analytischen Geometrie gestellt und auch mündlich wird in diesen Fächern geprüft. Den Anwärtern für den Großherzoglichen Staatsforstdienst ist neuerdings das Studium auf einer deutschen Forstakademie oder Universität freigestellt.

Gegenwärtig plant die Direktion eine Verlängerung des bisherigen viersemestrigen Studiums auf sechs Semester. Ob dieser Plan verwirklicht werden wird, ist zweifelhaft, da voraussichtlich die Regierung nach Ablauf der Etatsperiode in $2\frac{1}{2}$ Jahren den Antrag auf Aufhebung der Akademie wieder an den Landtag bringen wird.

### 7. Das Forststudium in Hessen und Württemberg.

Endlich gibt es an der Universität Gießen zwei forstliche Professoren, die der philosophischen Fakultät angehören. Die Anforderungen in Mathematik sind etwa die gleichen wie in Karlsruhe, bis auf Projektionslehre. Der Universität Tübingen gehören in der staatswissenschaftlichen Fakultät zwei forstliche Professoren an. In Württemberg wird von den Forstkandidaten keine höhere Mathematik verlangt, sondern nur elementare analytische Geometrie.

### 8. Zusammenfassung.

Man kann hiernach sagen, daß die mathematischen Anforderungen an den süddeutschen Forsthochschulen durchweg höher sind als an den norddeutschen. Das ist immerhin auffällig, wenn man bedenkt, daß die anderen Hochschulen Norddeutschlands in der Betonung der Mathematik hinter den süddeutschen mindestens nicht zurückstehen.

# IV. Die landwirtschaftlichen Hochschulen.

Die landwirtschaftlichen Hochschulen kommen für den mathematischen Unterricht nur insoweit in Betracht, als sie Lehrpläne für die Studierenden der Geodäsie aufweisen und Prüfungen für Landmesser abnehmen, denn die übrigen Vorlesungen setzen, soweit sie überhaupt der Mathematik bedürfen, nur die einfachsten mathematischen Kenntnisse voraus. Eine solche Ausbildung für Landmesser besteht in Preußen an der Landwirtschaftlichen Hochschule Berlin und an der Landwirtschaftlichen Akademie Bonn-Poppelsdorf. Sie liegt an beiden Orten in den Händen von Mathematikern. Die mathematische Ausbildung der Landmesser wird aber an anderer Stelle[1]) ihre Darstellung finden.

An beiden Lehranstalten werden außerdem drei- bzw. einstündige Sommervorlesungen mit Übungen im Feldmessen und Nivellieren für Landwirte gehalten, zu Berlin von dem Professor für landwirtschaftliche Maschinenkunde, zu Bonn-Poppelsdorf vom Geodäten.

An dem Landwirtschaftlichen Institut der Universität Halle wird ein zweistündiges Sommerkolleg über sphärische Astronomie und geographische Ortsbestimmung nebst zwei Stunden Übungen gelesen, sowie ein zweistündiges Sommerkolleg über Feldmessen, Nivellieren und Planzeichnen, wo die Aufnahme eines Feldes nach der Koordinatenmethode und die Aufnahme eines Nivellements geübt wird.

An der Königlich württembergischen landwirtschaftlichen Akademie Hohenheim wird über Geodäsie, an der Königlich bayrischen Akademie für Landwirtschaft und Brauerei in Weihenstephan wird über Feldmessen und Nivellieren gelesen. Am Landwirtschaftlichen Institut der Universität Göttingen werden von dem Universitätsprofessor für Geodäsie geodätische Vorlesungen und Übungen abgehalten, jedoch nicht regelmäßig in jedem Semester. Die zweistündige Sommervorlesung „Über Feldmessen und Nivellieren“ am Landwirtschaftlichen Institut der Leipziger Universität ist eine Universitätsvorlesung und nicht bloß für Landwirte bestimmt. Ähnliche Zustände herrschen an den Landwirtschaftlichen Instituten der Universitäten Breslau (hier hat

---

1) Vgl. den Bericht von Ph. Furtwängler, Die mathematische Ausbildung der Feldmesser. Bd. IV, Heft 5 dieser Imuk-Abhandlungen.

das Kolleg den Titel: „Niedere Geodäsie"), Gießen, Jena, Kiel, Königsberg und der Technischen Hochschule München. An der letztgenannten besteht die Absicht, eine besondere Vorlesung über elementares Feldmessen und Nivellieren für Landwirte abhalten zu lassen. An der Universität Tübingen gibt es nur einen Lehrauftrag für Landwirtschaftslehre. An der Universität Heidelberg ist die ordentliche Professur für Landwirtschaft eingezogen worden.

## V. Die Handelshochschulen.

Auch die Handelshochschulen bieten — von Frankfurt a. M. abgesehen — für den vorliegenden Bericht nur insoweit Material, als wir unter den Studiengegenständen kaufmännische und politische Arithmetik u. ä. finden[1]). Naturgemäß halten sie sich dem intensiven Betrieb mathematischer Vorlesungen fern und fast ausschließlich an die juristisch-volkswirtschaftliche Seite der kaufmännischen Ausbildung.

Die erste deutsche Handelshochschule wurde in Leipzig am 25. April 1898 eröffnet.

Um dieselbe Zeit wurde ein „zweijähriger Kursus für Handelswissenschaften, angelehnt an die Königl. Technische Hochschule zu Aachen" eingerichtet, der erst 1903 den Namen annehmen durfte: „Handelshochschule, angelehnt an die Königl. Technische Hochschule zu Aachen". Diese Handelshochschule ist allerdings schon am 1. Oktober 1908 wieder aufgelöst worden; an ihre Stelle ist die Studienstiftung für wirtschaftliches Ingenieurstudium getreten.

An der Ostern 1901 eröffneten Handelshochschule Köln und an der jüngsten Handelshochschule München, die Oktober 1910 ins Leben trat, sind nur Vorlesungen über kaufmännische und politische Arithmetik in Aussicht genommen.

Dagegen werden an der im Oktober 1901 eröffneten Akademie für Sozial- und Handelswissenschaften zu Frankfurt a. M. ständig eine Reihe von Vorlesungen über höhere Mathematik von Mathematikern gehalten. So zeigt das Programm des Wintersemesters 1910/11 an: Einleitung in die höhere Analysis (Differential- und Integralrechnung), zweistündig mit zwei Stunden Übungen; Differentialgleichungen, drei Stunden; Funktionentheorie, zwei Stunden; elementare Wahrscheinlichkeitsrechnung, zwei Stunden; Versicherungsmathematik, zweistündig mit einer Stunde Übungen. Dabei ist allerdings zu bemerken, daß die Frankfurter Hochschule eine Vereinigung von Fortbildungsakademie, Handelshochschule und naturwissenschaftlichen Instituten ist; die mathematischen Vorlesungen werden, streng genommen, nicht als Vorlesungen der Hochschule, sondern vielfach im Physikalischen Verein gehalten.

Die Zuhörer bestehen, abgesehen von einigen Mathematikern, namentlich aus Chemikern, Physikern, Technikern, Ingenieuren und

---

1) Vgl. auch den allgemeinen Bericht über das kaufmännische Bildungswesen in Bd. IV, Heft 8 dieser Imuk-Abhandlungen.

Lehrern; in den Vorlesungen über Differential- und Integralrechnung hören etwa 20, in anderen 6–10 Herren. In dem laufenden Sommersemester hat M. Brendel auch ein Seminar über elliptische Funktionen mit sechs Mathematikern zustande gebracht. Das Wintersemester 1911/12 wird einen weiteren universitätsmäßigen Ausbau der mathematisch-naturwissenschaftlichen Fakultät bringen, da ein ständiger Mathematiker, der ordentliche Professor A. Schoenflies von der Universität Königsberg, berufen worden ist.

Die im Oktober 1906 gegründete Berliner Handelshochschule bringt nur hin und wieder Vorlesungen über die elementaren Grundlagen der Algebra und Geometrie.

Endlich kündigt die 1908 ins Leben gerufene Handelshochschule Mannheim in ihrem Stundenplan für das Sommersemester 1911 ein zweistündiges Kolleg an: „Grundlagen der kaufmännischen Arithmetik".

# VI. Die mathematische Ausbildung der höheren Post- und Telegraphenbeamten.

Durch die Vorschriften über die Annahme, Ausbildung und Prüfung der Anwärter für den höheren Dienst der Reichs-Post- und Telegraphenverwaltung vom 18. April 1908 wird für die Anwärter der höheren Laufbahn ein akademisches Studium verlangt. Doch gibt es noch keinen offiziellen Studienplan. Auch kennen die neuen Vorschriften eine Scheidung nach Post und Telegraphie nicht. Man kann aber der Meinung sein, daß noch besondere Vorschriften für die Ausbildung und Prüfung der Telegrapheningenieure – und diese kommen hier allein in Betracht – nötig sein werden, und daß dabei die höhere Mathematik eine wichtige Rolle spielen müßte. Einstweilen ist es so, daß nur denjenigen, die genügende Begabung dafür mitbringen, das Studium der höheren Mathematik empfohlen wird.

Für die höheren technischen Telegraphenbeamten der bisherigen Laufbahn wurden bis zum Jahre 1905 an der Kaiserlichen Post- und Telegraphenschule zu Berlin Vorlesungen über Differential- und Integralrechnung und analytische Geometrie gehalten. Diese werden an den jetzt noch bestehenden Fortbildungskursen beim Telegraphen-Versuchsamt des Reichs-Postamts ergänzt durch Vorlesungen des Obertelegrapheningenieurs Prof. Dr. Breisig[1]) über Vektoranalysis nebst Übungen in der theoretischen Elektrizitätslehre (Anwendungen auf Probleme der Telegraphie und Telephonie) und Übungen in der mathematischen Physik sowie durch Vorlesungen des Oberingenieurs Schnaubert über darstellende Geometrie, über analytische und graphische Statik, unter Assistenz von zwei Regierungsbaumeistern und einem Telegrapheninspektor[2]). Die Zahl der Hörer bzw. Praktikanten beträgt durchschnittlich 20.

Für die Zwecke der höheren Telegraphenbeamten ist von F. L. Kohlrausch eine „Einführung in die Differential- und Integralrechnung nebst Differentialgleichungen" geschrieben (Berlin 1907, J. Springer), die allerdings, besonders in den grundlegenden Teilen, Anlaß zu Bedenken gibt.

---

1) Vgl. F. Breisig, Theoretische Telegraphie. Braunschweig 1910, Vieweg u. S.

2) Vgl. K. Winnig, Die Grundlagen der Bautechnik für oberirdische Telegraphenlinien. Braunschweig 1910, Vieweg u. S.

Einzelne der Telegrapheningenieure haben ihre mathematischen Studien an der Universität vertieft; andere (beim Telegraphen-Versuchsamt) haben ein vollständiges akademisches Studium erledigt und sind promovierte Physiker. Und man kann wohl sagen, daß die Verwaltung auch ohne besondere Vorschriften über die genügende Anzahl gut geschulter Mathematiker verfügt. Indessen, über kurz oder lang wird sich doch vermutlich die Notwendigkeit herausstellen, eine gute mathematische Grundlage für alle Telegraphentechniker obligatorisch zu machen. Die ganze Angelegenheit ist aber augenblicklich noch im Fluß, so daß man zurzeit nichts Bestimmtes sagen kann.[1])

---

1) Vgl. Strecker, Das akademische Studium für die höhere Laufbahn in der Reichs-Post- und Telegraphenverwaltung. Deutsche Verkehrs-Zeitung **34**, 21 (24. V. 1910).

# VII. Sonstige Institute mit Vorlesungen über höhere Mathematik.

Am Schluß dieses Berichtes möge noch eine Reihe von Orten aufgezählt werden — ohne Gewähr der Vollständigkeit —, wo die höhere Mathematik Berücksichtigung gefunden hat.

1. An erster Stelle muß Hamburg genannt werden, wo sich die höhere Mathematik lange Zeit einer besonderen Pflege erfreuen durfte. Seit dem Wintersemester 1877/78 sind auf Veranlassung der Oberschulbehörde jedes Semester, fast ohne Unterbrechung, öffentliche Vorlesungen über höhere Mathematik und mathematische Physik gehalten worden, die bis zum Sommersemester 1888 in den Händen der Professoren H. Schubert und E. Hoppe lagen. Neben den Elementen der analytischen Geometrie und der Differential- und Integralrechnung mit Anwendungen auf die Physik bildeten Mechanik, Ausgleichungsrechnung, neuere Geometrie, Zahlentheorie und höhere Algebra, theoretische Optik, Potentialtheorie, Elektrodynamik usw. den Gegenstand dieser Vorlesungen. Seit dem Wintersemester 1895/96 richtete Schubert viersemestrige Zyklen über höhere Mathematik ein, die die analytische Geometrie, Differentialrechnung, Integralrechnung, Zahlentheorie und höhere Algebra umfaßten. Die Zuhörer setzten sich aus Oberlehrern, Technikern und in der Hauptsache aus Volksschullehrern zusammen. Mit dem Sommersemester 1888 kamen noch Vorlesungen über algebraische Analysis, über Funktionentheorie, über Geometrie der Lage, über analytische Mechanik, Potentialtheorie, Hydrostatik und Hydrodynamik hinzu, die anderen Mathematikern oder Physikern übertragen wurden. Die Vorlesungen waren durchschnittlich auf zwei Stunden die Woche berechnet.

Seit 1901 bestehen in Hamburg außerdem Vorlesungen für sog. Oberlehrerinnen-Kurse, die ausschließlich von Lehrerinnen besucht werden. Für diese wird durch sechs Semester, jede Woche zweimal zwei Stunden, ein sog. mathematisches Praktikum abgehalten, das auch die Elemente der analytischen Geometrie und der Differentialrechnung umfaßt. Auf Grund solcher Vorträge legen die Damen eine Schlußprüfung ab und erhalten dann ein Oberlehrerinnen-Zeugnis. Dieser

Betrieb wird 1913 auf Grund der neuen Gesetze in Preußen[1]) geschlossen werden.

Die Vorlesungen über höhere Mathematik in Hamburg sind seit 1910 stark eingeschränkt worden. Die Behörde wollte einen Professor für Mathematik anstellen, der besonders auch für das Kolonialinstitut mitwirken sollte. Die Professur für Mathematik ist aber von der Bürgerschaft vorläufig, bis zur Klärung der Frage der Errichtung einer Universität, abgelehnt worden. Da Schubert seit 1910 durch Krankheit an der Abhaltung der Vorlesungen verhindert ist[1]), finden seitdem nur noch die Kurse für Oberlehrerinnen statt; außerdem werden einige dem technischen Vorlesungswesen angegliederte Vorlesungen über Technische Mechanik und verwandte Gebiete aus der angewandten Mathematik abgehalten.

Seit der Mitte des vorigen Jahrhunderts lesen Astronomen der Hamburger Sternwarte auch über astronomische Fragen. Schon in den fünfziger Jahren hat Charles Rümker als Assistent seines Vaters Vorträge auf der Sternwarte gehalten. Im Sommersemester 1911 werden Vorlesungen über die Bahnbestimmung von Kometen, Theorie der Figur der Himmelskörper, Theorie der Kugelfunktionen angekündigt, wöchentlich zwei Stunden. Diese Vorlesungen wurden früher von dem Direktor der Sternwarte, R. Schorr, gehalten; seit einigen Jahren haben sie der erste Observator Schwassmann und der erste Assistent Graff übernommen. Hervorgegangen sind sie aus den Resten des akademischen Gymnasiums, das – ähnlich dem ehemaligen Braunsberger Lyzeum und dem Braunschweiger Carolinum – eine Art Zwischenstufe zwischen Gymnasium und Universität sein sollte.

Es wäre zu wünschen, daß die Behörde sich dazu entschließt, recht bald mit einem festen Programm vor die Bürgerschaft zu treten, und daß es ihr dann gelingt, die beantragte Professur für Mathematik durchzusetzen, damit die Mathematik auch in Hamburg wieder zu ihrem Rechte kommt.

2. Vorlesungen über höhere Mathematik werden auch in den verschiedenen Oberlehrerinnenkursen gehalten, die bis 1913 auf die „preußische Oberlehrerinnenprüfung" vorbereiten. Beispielsweise sind am Viktorialyzeum zu Berlin seit dem Jahre 1900 solche mathematischen Kurse für Lehrerinnen eingerichtet. Dabei wird in Form von Seminarvorträgen und -übungen ein Zyklus geboten über Arithmetik und Algebra bis zu den Grundlagen der Galoisschen Theorie; Geometrie bis zu den Grundlagen der neueren projektiven Geometrie; ebene und sphärische Trigonometrie; analytische Geometrie der Kegelschnitte; elementare Analysis und die Elemente der höheren Analysis

1) Vgl. R. Schimmack, Die Entwicklung der mathematischen Unterrichtsreform in Deutschland. Bd. III, Heft 1 dieser Imuk-Abhandlungen.

2) Wie ich soeben erfahre, ist H. Schubert vor Kurzem seinen Leiden erlegen. (Zusatz August 1911.)

(Differential- und Integralrechnung). Der Vortragende ist Oberlehrer Dr. W. Jacobsthal. Der Zyklus umfaßt sechs Semester, wöchentlich drei Doppelstunden. Auch diese Kurse werden mit dem Jahr 1913 aufhören, wo die neuen Gesetze über die Ausbildung der Oberlehrerinnen in Kraft treten[1]).

3. An der Königlichen Akademie Posen wurde im Wintersemester 1910/11 zweistündig über analytische Geometrie der Ebene und einstündig über Infinitesimalrechnung von Kummerow gelesen. Im Verzeichnis der Vorlesungen für das Sommersemester 1911 wird von demselben Dozenten ein zweistündiges Kolleg angekündigt über synthetische Geometrie der Kegelschnitte in Verbindung mit neuerer und darstellender Geometrie und ein einstündiges Kolleg über sphärische Trigonometrie nebst Anwendungen auf die mathematische Erd- und Himmelskunde.

4. In den letzten Jahren hat der Elektrotechnische Verein zu Berlin Mathematiker und theoretische Physiker herangezogen, welche Vorlesungen zur Einführung in die Vektoranalysis und über Maxwells elektromagnetische Theorie gehalten haben, mit der ausgesprochenen Absicht, die von Maxwell, Heaviside und Hertz entwickelten Vorstellungen für die Elektrotechnik nutzbar und in ihr heimisch zu machen. U. a. haben R. Rothe und M. Abraham je einen Vortragszyklus „Mathematische Grundlagen der Maxwellschen Theorie“ und „Die elektromagnetischen Erscheinungen“ gehalten.

5. In der Urania zu Berlin hat der Astronom P. Schwahn[2]) vor einigen Jahren Kurse auf dem Gebiete der mathematischen Geographie, Astronomie und Mechanik unter Anwendung höherer Mathematik gehalten. Und gegenwärtig werden von B. Donath im Anschluß an seine experimentellen Kurse alljährliche Vorlesungen über mathematische Physik im Hörsaal der Urania veranstaltet, die in der Hauptsache von Lehrern besucht werden.

6. An der Treptower Sternwarte wurden im Wintersemester 1909/10 von A. Korn Vorlesungen über die Integralgleichungen gehalten[3]), zwei Stunden wöchentlich, während zweier Monate. In Aussicht genommen sind Vorlesungen über Infinitesimalrechnung und höhere Mechanik.

7. An den Berliner Volkshochschulkursen ist einmal der Versuch gemacht worden, einen mathematischen Kursus zu organisieren. Die Vorlesungen hielt der Privatdozent E. Steinitz, jetzt Professor an der Technischen Hochschule Breslau.

---

1) Vgl. R. Schimmack, a. a. O. S. 90.

2) P. Schwahn, Mathematische Theorie der astronomischen Finsternisse. Leipzig 1910, B. G. Teubner.

3) A. Korn, Über freie und erzwungene Schwingungen. Eine Einführung in die Theorie der linearen Integralgleichungen. Leipzig 1910. B. G. Teubner.

8. Von dem „Verein für volkstümliche Hochschulkurse in Dresden“ sind zweimal mathematische Vortragszyklen veranstaltet worden, die von Herrn Papperitz gehalten wurden, im Winter 1908/09 in Freiberg über „Zahl und Rechnen, sowie geometrische Darstellungen“, 1909/10 in Dresden (Techn. Hochschule) über „die Grundlagen der darstellenden Geometrie und ihre Veranschaulichungsmittel“. Die Zahl der Teilnehmer betrug etwa 200 bis 250 Personen.

9. Auch anderswo hat man solche Volkshochschulkurse eingerichtet; so in Kiel, wo R. Neuendorff über praktische Mathematik vorgetragen hat [1]).

10. Die „wissenschaftlichen Kurse für Lehrer“, welche in Berlin, Charlottenburg und Posen stattfinden und durch die Volksschullehrer eine Fortbildung erhalten, mögen hier nur kurz erwähnt werden, da sie in Bd. V der Imuk-Abhandlungen ausführlich behandelt werden sollen.

1) R. Neuendorff, Praktische Mathematik I. Leipzig 1910, B. G. Teubner.

# VIII. Schlußwort.

Es ist ein deutlich wahrnehmbarer Zug moderner Entwicklung, daß die Mathematik immer unaufhaltsamer ins tägliche Leben vordringt, eine immer wichtigere Rolle in dem Leben unseres Volkes spielt, und daß sich immer mehr Verwendungsmöglichkeiten für sie auftun. Die vorstehenden Mitteilungen über Institute mit Vorlesungen über höhere Mathematik sprechen eine beredte Sprache. Dabei ist hervorzuheben, daß das Angebot vielfach hinter der Nachfrage noch zurückbleibt. So gibt es eine ganze Reihe mathematischer Gebiete, die für den Physiker und Techniker von wachsender Bedeutung sind, über welche aber z. B. an der Universität Berlin keine regelmäßigen Vorlesungen gehalten werden. Dazu gehören u. a. die Fourierschen Reihen und die harmonische Analyse, die Besselschen Funktionen, die partiellen Differentialgleichungen, Vektoranalysis und Übungen im numerischen Rechnen mit den bekannten Transzendenten (vgl. die Vorrede zu Jahnke-Emde, Funktionentafeln, Leipzig 1909, B. G. Teubner). Bei einer ganzen Reihe von Technikern, die das Diplomexamen schon längst hinter sich haben und mitten in der Praxis stehen, ist der lebhafte Wunsch vorhanden, gerade über diese Gebiete Vorlesungen zu hören. Es ist sicher kein Zufall, daß die von Kneser und mir im Jahre 1901 gegründete Berliner Mathematische Gesellschaft den Vorzug genießt, eine von Jahr zu Jahr wachsende Zahl von Technikern zu ihren Mitgliedern zu zählen.

Andrerseits kann nicht verschwiegen werden, daß ein gewisser Gegensatz besteht zwischen den Anforderungen, die in zunehmendem Maße bei den verschiedensten Berufen an das mathematische Wissen eines jeden gestellt werden, und den amtlichen Anforderungen bei den Prüfungen. Bei diesen ist eine unverkennbare Neigung vorhanden, in den Anforderungen von Jahr zu Jahr herunterzugehen.

Indessen, die steigenden Anforderungen, die in der Praxis an den Beruf des Ingenieurs gestellt werden, zwingen zu einer Vertiefung seiner mathematischen Vorbildung. Ein Blick in die Handbücher, die ein Techniker von heute zu Rate zieht, lehrt, daß er ein mathematisches Rüstzeug und ein mathematisches Wissen besitzen muß, wie man solches – vor noch nicht gar so langer Zeit – nicht bei allen Berufsmathematikern finden konnte. Und in dem Maße, wie dieser Wandel sich vollzieht, wird die Antimathematikbewegung mehr und mehr abklingen und wird die allgemeine Wertung des mathematischen Wissens in die Höhe gehen, nach dem Vorgange Frankreichs, wo die im Jahre 1794 gegründete École Polytechnique schon längst in weiten Kreisen des Volkes eine Ahnung von der Bedeutung der mathematischen Forschung geweckt hat.